Leslie
talks to
animals

Leslie
talks to
animals

Leslie
talks to
animals

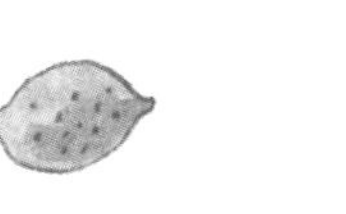

Leslie
talks to
animals

Leslie
talks to
animals

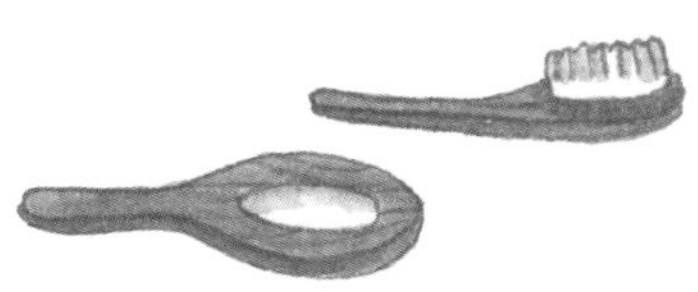

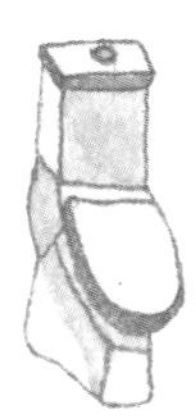

Leslie talks to animals

Leslie talks to animals

Leslie
talks to
animals

Leslie
talks to
animals

Leslie
talks to
animals

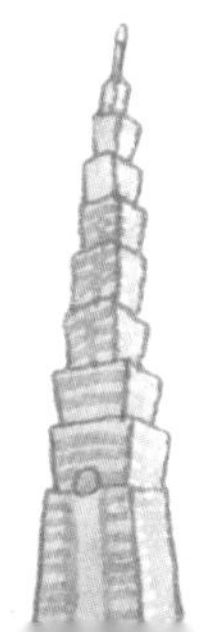

Leslie
talks to
animals

Leslie
talks to
animals

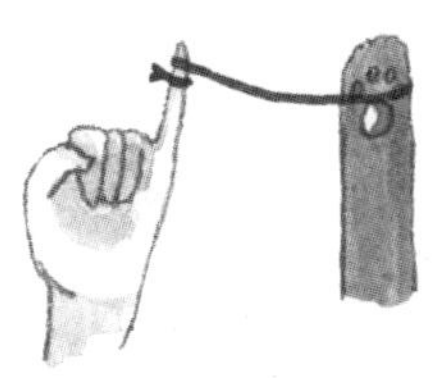

Leslie
talks to
animals

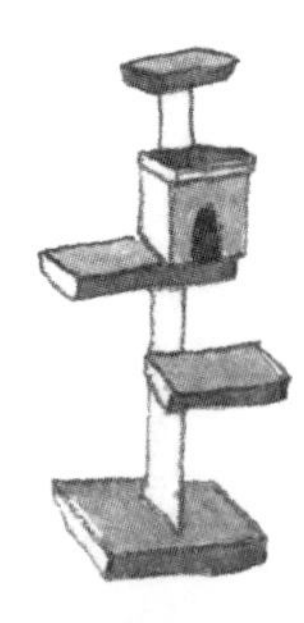

來～跟毛小孩聊天

透過溝通，我們都被療癒了！

目 錄 Contents

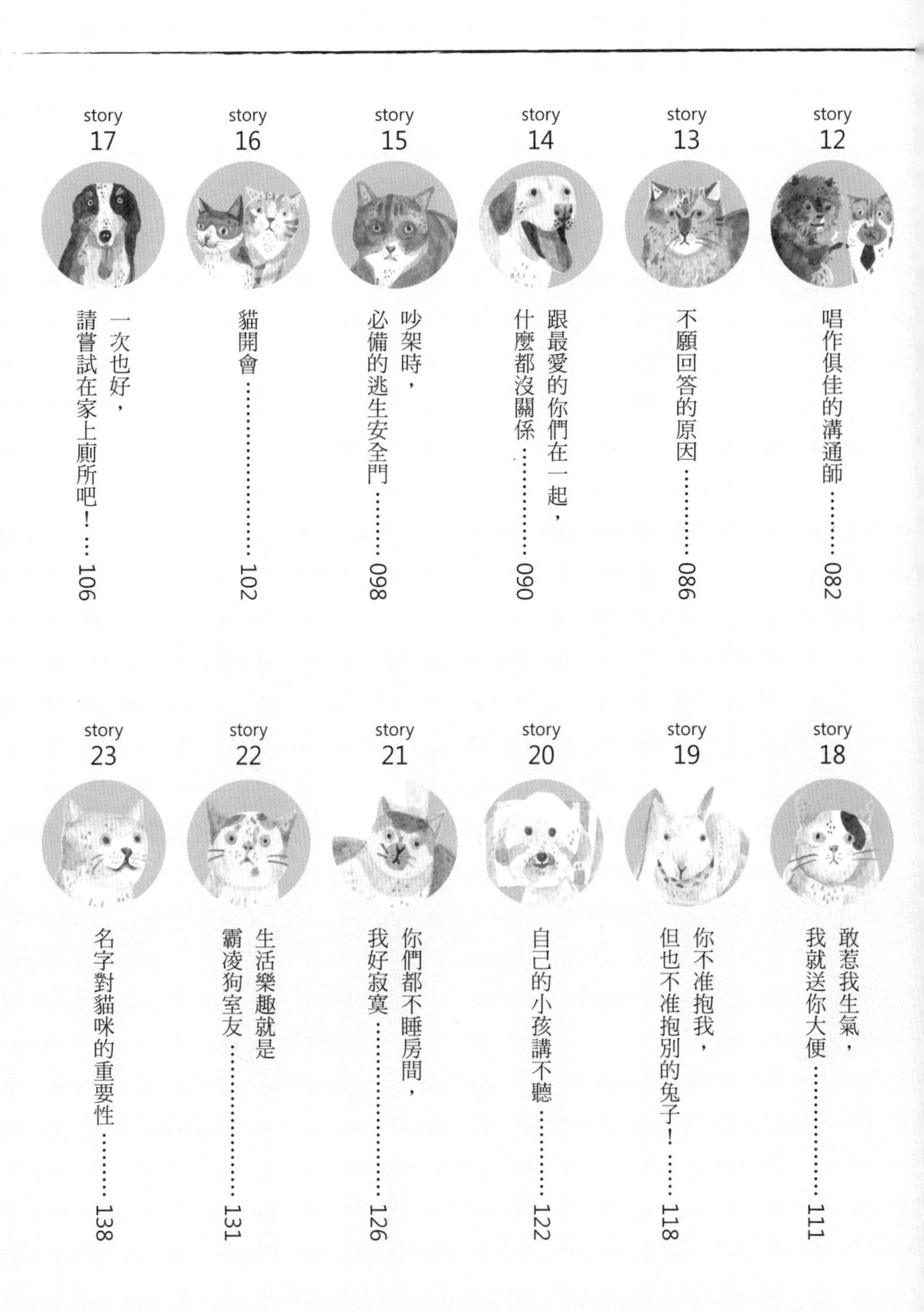

目錄 Contents

Leslie 的動物溝通師筆記

前言

一開始，是看見以前因工作認識的美女朋友在臉書徵求動物「練習」動物溝通。

雖然不常聯絡，但因為是很信任的朋友，所以我躍躍欲試立刻報名了我們家的5歲比熊犬Q比。

朋友細心傳達出的Q比，不論個性和語氣，就和我平時認識的Q比無異。而且朋友也說出了很多只有我和Q比之間才知道的私密事情。

我在家中穿的睡衣、我曾跟Q比說過的話、Q比平常吃的食物，這些都讓我對她的動物溝通天賦深信不疑。

後來我詢問她怎麼擁有這項才華的？她跟我說：去上課啊！

我遂循線前往學習，開啟這段旅程。

「動物溝通？都是騙人的吧！」有這樣想法的你，我一點都不訝異。因為我也曾是其中一員。

覺得動物溝通只是講一些模稜兩可的話，讓人自動對號入座，或是揣摩一些動物行為的最大可能性動機，這樣的事情誰都會做。

但直到我遇見我朋友、遇見我的老師、我學習動物溝通、一直到現在，我成為動物溝通師。

也許我們應該先來簡單的定義動物溝通這件事情。

動物星球頻道曾做過一個實驗，架攝影機拍攝在家的狗，並帶主人出去玩樂。然後在不固定的時間收工回家。

他們發現，只要工作人員告訴主人「收工囉！回家！」主人心中一有要回家的念頭，狗兒在攝影機面前就會立刻焦躁不安、期待主人回家。

什麼是動物溝通？我會定義這是「感知本能」，這真的非關通靈或靈異，是每隻動物與生俱來的能力，只是人類幾乎不常使用、也不願意相信它。

但只要常做練習，都可以做到的，它不是什麼奇人異士才能辦到的特殊能力。

感覺某位家人好像出事了，隱隱感到不安、所以打電話詢問。

感覺好像有人在注視著你。

感覺好像有人在很專注的思念著你。

這類經驗應該或多或少都有過吧？雖然不是跨物種，也是人與人之間很基本的感知交流，所以真的不需是什麼特異人士才能辦到。

你問那還是需要天賦吧？我會說：就像我們現在用語言溝通，也是有人表達能力跟理解能力很差啊。（還為數不少）

商業週刊也有推出過相關書籍──《狗狗知道你要回家？探索不可思議的動物感知能力》，專門講述動物之間，能夠感受對方的第六感本能。（目前已絕版）

市面上目前也有許許多多，專門講述動物溝通的專業書籍。

今時今日，世界上已經有數百位動物溝通師在為動物與照護人服務，台灣亦有。

但可惜，相較歐美國家，獸醫師會將動物溝通師做為解決心因性疾病的管道之一，台灣大部分民眾與媒體，還是將動物溝通師視為怪力亂神。

恕我直說，在台灣，動物溝通師是信譽度很低的行業。

我常跟朋友自嘲：動物溝通很像鬼故事，聽過的人多、見過的人少，大部分的人是不相信的。

雖然做著不被人信任的工作，但做動物溝通師這些日子以來，有著動物的陪伴，我很幸福。

因為我幫助伴侶動物與照護人的生活更順利圓滿，像是婚姻諮商師，幫助兩個相愛的人有溝通管道，一切遂快樂如意。

曾幫助領養來的流浪狗，長達半年的全家瘋狂便尿地獄，在我溝通的隔天就去陽台大小便。

曾幫助不肯吃飯的老貓，在我溝通後進食意願大增。（終於換到他想吃的罐罐）

曾幫助晚上叫到崩潰、讓主人夜不成眠的貓，溝通後終於肯安靜一起睡。

曾幫助夜夜在客廳哭倒長城、堅持要主人來客廳沙發一起睡的貓咪，搞得主人每天全身痠痛去上班，溝通後終於願意晚上回房在床上一起睡。

曾幫助每天回家就有一泡尿做為歡迎儀式的貓，溝通後，回家後只有看到她開心迎接的臉、以及乾淨的地板和桌子。

我真心、打從心底體會到，幫助人真的很快樂這件事情，也非常感謝自己有這樣的能力可以幫助人。

動物溝通師的路，還希望能一直走下去，與動物一起。

Help animals, help people, help myself. 一直、永遠是我的初衷。

因為一個人的能力與時間都有限，而想要幫助的動物與照護人那麼多，我遂整理了許多的溝通故事，希望可以給有類似困擾的朋友一個參考與解決之道。

所有故事都是真實案例記錄，完全沒有改寫或加油添醋。全部的故事也都獲得照護人的同意、讓我撰寫，並請他們提供伴侶動物的照片讓插畫家 Soupy 臨摹。

這些真實生活的軌跡、這些溝通中曾讓我落淚的感動，好想與你們分享，也好希望能帶給你們點什麼。

另外也蒐集了一些成為溝通師以來的感觸筆記，這些都是很多我心念上的轉折記錄。成為動物溝通師以來，意外地讓我成為一個更積極正向樂觀的人，希望我的溝通筆記，也能帶給你類似的啟發。

最後，也整理了一些人們最常問動物的問題，我並從動物溝通師的角度以及幫助照護人的經驗中，給予一些解決的方式供你們參考。

能完成這本書，要感謝的人有好多好多好多，如果逐一點名，很怕漏了哪位，我恐怕會內疚到睡不著。

從家人到老師、從朋友到編輯、從照護人到每一位曾溝通過的動物。我的所有力量都來自於他們，是他們成就了我，成就了這本書，我相信人生沒有白走的路，所有的鼓勵與挫折都是點滴雨露。

陳之藩說：要感謝的人太多了，那就謝天吧。

謝謝照顧我的所有人，謝謝愛我、鼓勵我、信任我的所有人。

我感謝所有的愛與我同在，所有善的信念與我同在，因為這些都吸引你們來到我的身邊，與我同在。

Leslie

只願你在哪裡，我就在哪裡

story 01

「最近沒有了，但之前常常看妳坐在房間床沿，哭得很傷心的樣子，怎麼了嗎？」

「之前、幾乎每天都會看妳在家裡吃飯，但最近妳回來沒多久就睡了，妳有沒有在吃飯啊？」

這樣的對話，像是一起生活很久的室友的問候，又或是家人間的親暱對話。

但他事實上，是一隻22歲的貓咪，叫做「咪咪」。

「撿咪咪回家的小男生，是我朋友的兒子，那時候他幼稚園，但現在那小男孩轉眼都成為一個當完兵在工作的大男生了。」照護人微笑著這樣回想。

照護人和咪咪那種互動的感覺，很有點相依為命的味道，像是你是我的唯一，而我、也是。

「之前哭是因為你的身體狀況不穩定，我很擔心啊！現在沒有在家裡吃飯，是因為最近工作比較忙，來不及回家吃飯。但我都有在吃的，別擔心。」

燈光微微昏暗的咖啡廳，看到照護人隱隱眼眶的濕痕，我低頭啜了口熱茶，想稍微迴避照護人的眼神，給她一點私人的時間消化。

我想、親耳聽到，養了22年的貓咪，主動關心自己，內心的震撼，也許是那一抹淚痕的千萬倍重吧！

「最近的生活照顧，有需要改善的地方嗎？」

「背不舒服，覺得怎麼躺都很怪，坐立不安、睡不好。」

「上廁所的地方，很難進去，要用跳的。但我現在不大能跳了，我都要忍很久受不了了、才去尿尿，因為廁所太難進去了。」

「很討厭打針，可以一天一次就好嗎？」

「咪咪的背有骨刺，的確是坐立難安；廁所很難進去這點，我會想辦法改善，也許做個斜坡吧；但是他說的打針，其實是點滴。」

「咪咪需要靠點滴強迫補水，一次20～30cc左右，但因為咪咪每次打點滴都很不配合，所以只好分3次打。」

「如果咪咪可以配合不動撐5分鐘的話，一次100cc，這樣就可以一天打一次針就好。」

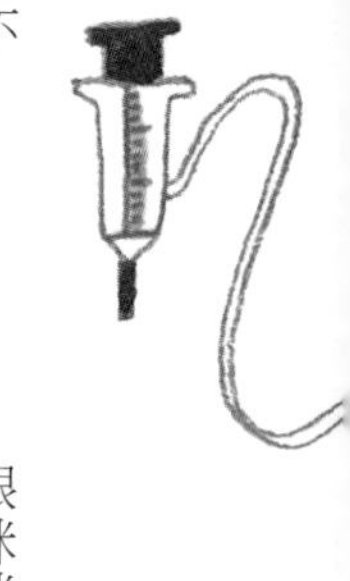

跟咪咪溝通後，咪咪說，只要一天降成打一次針，他可以配合。儘管如此，他嘴上還是抱怨「但是打針的時候，真的很無聊。」

回去後隔幾天，照護人寫信給我，說咪咪這幾天打點滴都配合很多，一次都能打到100cc，終於能夠如他所願的「一天只打一次針」。

「也因為點滴順利的關係，整體狀況變好很多，嗓門變大、姿勢好多，就連晚上食慾都大增。」

年事已高的貓咪，因為優良的醫療環境得以延長壽命，但是因為身體的虛弱，讓生活上有很多不舒服，能因為溝通的關係，讓咪咪的生活品質得以上升，在生命後半段的生活，過得輕鬆一點。

「只要咪咪願意，我會一直陪他到最後一刻，一起努力。」尾聲的時候，照護人這樣嚴正地說道，像是咪咪的全部，都寄望在她手中一樣，輕輕的一隻貓，卻是好重的一份心中重量。

「最後我想問，如果未來，有需要搬離開這個家的時候，咪咪願意跟我一起離開到新的地方生活嗎？還是身體不舒服、想待在現在這個家，不想被移動呢？」

「我只希望，妳在哪裡、我就在哪裡。」咪咪說。

年事已高的動物，孱弱的身體相對於生活品質當然不是太好。還好可以透過動物溝通，讓生活更舒心。又或者是有些高齡動物對食物挑嘴，怎樣都不吃、看醫生也看不出結果，利用動物溝通問出小祖宗心中真正想吃的食物，也會對食慾有幫助喔。

貓媽媽的教育

story 02

用心做了稱職貓奴，也領養了心目中的美貓，但沒想到貓咪卻不親人。

「小姐不大給摸，即使領養了一段時間，但她即使到現在也不大能給我摸跟抱，這讓我覺得有點沮喪……」

其實這不是我碰的第一隻「觸不到的貓」，有些貓觸不到的嚴重程度，是相處了五年，摸到的次數五支手指頭可以數出來。

其實摸不到也就罷了，可以讓時間給彼此適應，只是因為照護人不久後要從台北搬回台南，照這樣下去，人靠近就會被威嚇、也無法用手摸，很擔心到時候要搬家無法把她送進貓籃裡。

如此「觸不到」，讓我好奇當初照護人是怎麼跟小姐相遇的。

「說到這，我就覺得我好像被仙人跳了。」照護人一臉委屈地說。

「當時是在醫院領養小姐的，在醫院的櫥窗中她睡得好香好可愛，幾乎讓人不忍心吵醒她。」

「沒想到她醒了以後，好乖好撒嬌，我的手怎麼揉摸、或是抱她起來都可以，完全就是一個任人宰割的狀態。那時候我想說看來這隻貓咪應該滿好相處的，所以領養手續辦一辦，我就帶小姐回家了。」

「沒想到回家後睡了一晚，完全不是那麼回事啊！」照護人整個像是個求訴無門、抱錯小孩回家的媽媽。「摸也摸不到，太靠近還會被哈氣，Leslie，妳說這不是仙人跳是什麼？」

問了小姐那時候第一次碰到照護人，怎麼可以給他揉摸、現在卻完全不行，沒想到小姐說：「我那時候剛睡醒，心情好好，所以沒想那麼多……」

果然是容易本位主義思考的貓咪，單單一句睡醒心情好，就把我跟照護人打趴。

那妳現在為什麼都不理人呢？我繼續誘哄著小姐回答。

「從小貓媽媽就跟我說不可以靠近人類，即使現在知道人類對我很好、很安全，但是我還是無法完全接受。」

「即使現在習慣了、覺得安全了，但還是有種打從心底怕怕的感覺。」小姐努力解釋著自己的處境。

我想了想該怎麼傳遞這種訊息給照護人，所以我比喻：

「大概就像我們從小被教育毒蛇很危險吧。」

「知道蛇很危險，有天卻意外地被毒蛇之家收養，毒蛇爸爸毒蛇媽媽都對你很好，還會準備好吃的食物，也會每天在你身邊蛇來蛇去照顧你，你可以接受相信毒蛇家庭不會傷害你，但是要跟毒蛇媽媽抱抱親親……可能還要花點時間適應吧！」

小姐：「現在的極限是如果拿玩具來跟我玩，我可以小小給他摸一下。」

「對對對！她大概就是如果我拿逗貓棒跟她玩，可以趁機偷摸一下，其他時間根本就是碰不到啊。」

「所以你就想像你現在可以離毒蛇這麼近，但毒蛇要主動來摸你、還是感到很恐怖。」

「唉，那該怎麼做才能讓她接受我呀？」照護人有點憂心地這樣問。

「再給她一點時間囉，你看現在不就可以偶爾偷摸了嗎？」（笑）

後來聽說，小姐成功的被打包，跟著照護人一起去台南生活了，但也許是因為工作室還在整理中，很多人例如房東、家人進進出出，忙亂之間，小姐就這樣逃家了。

後來聽說，小姐只會趁沒人的時候，回來工作室吃飯、排泄，完全把工作室當QK旅館在使用。

後來聽說，照護人目前決定先按照小姐的脾性，維持放養的狀態，也許以後，再想辦法捕獲她吧。

我想著，也許對小姐來說，和毒蛇一起生活，還是太為難她了吧。希望小姐在外面，可以過著她想要的生活，一切平靜安好。

面對貓咪不親人，通常建議也採取互不相理的模式，並且固定用餐時間與分量，讓她對你充滿食物的供給認知，不主動要求親近撫摸，有時候貓咪反而會有意想不到的大轉變。

濃情蜜意兄弟檔

熊熊是已經三歲的成年已結紮公貓，而小湯圓是新加入的小公貓，三個月大。照護人發問：「熊熊對小湯圓的想法是怎樣？」

此時我內心想著，泰半都是不喜歡的吧，通常舊貓都很度爛新貓的加入，更何況這次還是兩隻公貓。

沒辦法，我溝通過太多打架鬥毆到天荒地老的貓咪們，搞到照護人民不聊生要用房間隔離，看到我的第一句話往往是：我對他們沒有要求，只要不打架就好！

無怪乎我聽到舊公貓對於新公貓的想法，內心立刻如本能反應般的畫了個大叉叉！

熊熊是可愛的虎斑貓，不同於虎斑貓通常帶點頑皮或兇狠的神情，熊熊的表情柔和又帶點天然憨厚感。

沒想到一問熊熊，熊熊說：「我還滿喜歡他的！雖然剛來的時候很想打死他、我很氣！但是現在覺得有他一起生活還滿好玩的。」

「可是，他常常都會咬我脖子，咬得我好痛喔，可以叫他不要這樣嗎？」熊熊語氣哀求道。

照護人笑說：「對，小湯圓每次都咬得熊熊唉唉叫，昨天晚上還把熊熊咬受傷。可是我聽說成貓都會咬回去、告訴小貓不可以這麼用力啊！可以請熊熊咬回去嗎？因為看熊熊這樣真的也滿心疼的……」

「可是他每次都咬得我好痛！我只想逃開啊！哪有心情想到什麼咬回去啊！」熊熊感覺很委屈。

「那你如果不喜歡被小湯圓咬這麼痛，你

就要想辦法咬回去喔。」我努力勸誡熊熊。

「那要怎麼咬？」熊熊一副茫然的樣子問我。

這下我糗了，我又沒當過貓，我怎麼知道怎麼咬？我開始努力回想所有一切動物星球頻道、Discovery 看來的成獅和幼獅玩耍的畫面。

「你就反咬小湯圓脖子後面，那邊最有肉、比較不會痛。稍微力道重一點點，小湯圓就會知道這樣子很痛、以後不行了。」見鬼了，我竟然在教貓咪怎麼教訓小貓。

「好吧，那我下次試試看。」熊熊一副好學生的樣子回應我。

「還有，小湯圓除了愛咬熊熊外，還有個問題，就是現在晚上睡覺時，我們都會把小湯圓先關籠隔離，可是小湯圓都會一直叫一直叫……」

熊熊：「我知道啊，真的很吵耶，所以我都會跟小湯圓說好了啦、我下去陪你。然後我會去小湯圓的籠子外面趴著陪他睡。」

照護人：「真的……熊熊都會在床上喵喵喵幾聲以後，就下床去籠子外面陪小湯圓，而且這樣以後，小湯圓真的就不會叫了……好吧，既然熊熊能把小湯圓安撫得很好，那我想小湯圓晚上愛叫應該也不是什麼大問題了。」我覺得照護人真的很幸運，還能擁有熊熊保母來幫他照顧夜哭嬰兒。

「那我還想知道，以前熊熊都很愛躺在沙發上面的靠墊，為什麼現在熊熊都不大去躺了？是不喜歡了嗎？」照護人疑惑發問。

「沒有啊，因為躺在那個上面，小湯圓上不來又碰不到我，就會在下面一直唉唉叫一直抓一直爬，搞得我煩死了，所以乾脆下去陪他。」熊熊語氣一副無奈的樣子，可是我十足感受到他的溫柔貼心。

照護人：「對啊，熊熊真的很疼小湯圓，他還會幫小湯圓舔屁屁，可是常常舔一舔、小湯圓就會回頭咬他！我想問熊熊小湯圓是屁股不舒服嗎？還是舔太用力？」

「就小孩子不耐煩，想早點結束。小湯圓真的很容易不耐煩耶。我教他用貓砂的時候他也愛學不學，他剛來的時候根本不會蓋砂，還好我有教他、他現在才會蓋砂，只是有時候還是會忘記蓋，我還是要去幫忙蓋一下。」熊熊很父兼母職的那樣，一肩扛起幼貓的教育責任。

「那你現在生活、有開心的時刻嗎？」聽到熊熊好像有點小抱怨，照護人擔心的問。

「我覺得可以一直舔小湯圓、幫他理毛，還有小湯圓衝過來咬我、我們追逐的時候，就是我現在超開心的時刻。」熊熊幾乎毫不猶豫的回答。

我常常做貓咪的調解委員會，當中更不少是新貓與舊貓無法適應、天天鬥毆決鬥的。這是第一次，熊熊讓我認識，原來新貓與舊貓可以生活得這麼融洽、濃情蜜意。

聊個題外話，曾看動物星球頻道記錄：有人飼養幼公獅，從小北鼻一路養到成獅，小時候自是濃情蜜意，但公獅長大後，主人卻得求助國家公園之類的專業單位照顧。

原因是，公獅成長到一定年紀後，會有地域性，長大以後自然會想挑戰最高階級——主人的位置。所以主人在這種狀況下其實是很危險的，此時主人的身份對成年公獅來說已經不是照護者，而是佔據地盤的另一隻公獅。

另外，在獅群中，如果舊公獅打輸了、被新公獅驅逐，原本舊公獅的小孩就會統統被新公獅咬死。因為唯有母獅沒了小孩、才會再度發情，願意與新公獅交配。

正所謂一山不容二虎，在「貓科動物」的世界，雄性對雄性具有多麼大的挑戰威脅！所以熊熊跟小湯圓，真的實屬難能可貴啊～

動物的感受

除了畫面與言語，有時候動物是把「感覺」直接傳給我。

從事動物溝通這些日子以來，除了能解讀他們的喜樂哀怒，我覺得最妙的事情就是能感受到他們視角的不同感覺。

這真的是一件很有趣的事情。

有一隻法鬥跟我說，走在下著毛毛雨的夜晚路上，空氣中那種輕盈的濕潤感、腳掌肉墊的冰涼感、鼻子接收空氣中的雨粉，是這麼的舒服。

有公狗跟我說，他的尿尿是一種個人特殊香味（我想應該是客製化香水的意思），他要在家裡四處噴噴，確定家裡都是他的香味才行。

有狗跟貓都傳給我蓮蓬頭的水柱沖刷在身體刺痛的感覺，要我與照護人溝通水柱能不能不要那麼大力？

有貓傳給我指甲剪靠近指甲時，那種深深的恐懼感，像是有人要拿針戳我的眼球一樣可怕。我覺得這是一種本能的恐懼，因為貓咪如果生活在野外，爪子是他唯一求生的工具，要被去爪，大抵感受就像是我們要被削掉一手一腳般的恐懼吧。

這樣想想，動物為了跟我們一起生活，真的是從各角度都配合我們很多。

扯遠了，繼續回到動物傳給我的感受話題。

有很多貓跟我說，坐在窗戶旁，感受不同時段陽光以不同角度、溫度灑在身上的感覺，是多棒。

有瑪爾濟斯跟我說，看到爸爸媽媽在客廳站著擁抱，是多麼幸福又溫暖的感覺，他也很想加入這樣的紮實感，我想他感受到的是愛。

這些我們的日常，在他們生活中有這麼大的不同。

但以上講的，還是一些，日常生活的風花雪月。

那如果是悲傷的感覺呢？

曾有一隻米克斯犬給我看，他的前主人（中年男子），騎摩托車把他棄養。

有點難形容那時候看到的這段回憶，有點像是哈利波特把頭埋進回憶盆裡，你以旁觀者的角度觀看這件事情。

又或著用簡單點的比喻，播放 VCR 給你看，但你同時、卻能「感同身受」。

我不知道你們能否了解，有時候完全的「感同身受」其實是一種恐怖又有點危險的事情。

那位中年男子，把狗載到像是巷子的地方，狗狗意識到狀況跟平常不一樣，所以堅持不肯下車。

這時中年男子還硬推，米克斯犬如何抵擋得了硬推的力道？好像距離機車不過 20 公分的地面是懸崖，一旦掉下去了，就再無返還的機會。

不得不說，狗狗的預感是對的。

終於，這番掙扎是無效的，中年男子一把狗狗推下機車後就揚長而去，這時狗狗選擇追在機車後面，邊吠邊追、邊追邊吠……

狗仍流浪中，定期餵養她的女生説，附近早餐店老闆娘有目擊我剛剛説的現場狀況，所以情況真的是這樣，而且，她其實來了是想問我：為什麼狗狗抵死不肯上機車？

「之前狂犬病新聞正熱的時候，很想載他去打預防針，但他死不上車，所以我跟朋友，走了好幾公里的路帶他去獸醫院打預防針、拿吊牌。」

而這一切都有了解答。

我當時在咖啡廳哭到無法自拔，我覺得全世界失戀的文字，都無法敘述那種震撼到靈魂深處的悲痛，那一刻我其實討厭動物溝通這個工作，因為我一點都不想感受這種事情。

感受動物的感受，是很神奇的體驗，快樂有之、悲傷有之。

不管如何，我很感激我有這樣的能力，感受不同物種在地球上生活的感受，這是一段奇妙的經驗旅程，不管未來我是否還能保有這個能力，我都感恩有過這段不可思議的體驗。

Chat chat time!

請大家選擇以領養代替購買，有好多的生命需要再給一次機會有個新家。而且台灣米克斯犬跟米克斯貓，骨底超好、基因超強，比較不會像品種狗貓因為近親繁衍的關係，慢性病不斷喔。（像折耳貓跟臘腸狗普遍都有關節與脊椎的問題）

說得聽和講不動的

很多人找動物溝通是為了解決問題行為。亂便溺、吃大便、出門爆衝、翻垃圾桶、吠叫、破壞家具、攻擊行為……不勝枚舉。

利用動物溝通改善問題行為的用處是：知道動物失控的動機與原因，然後我們再想辦法調整環境或人的行為來幫助改善。

只是想要動物溝通就能立刻改善問題行為，我都常自嘲又不是動物催眠。（就算送狗去上課也要半年三個月的吧？）我總是跟照護人一再強調：「動物溝通只是知道彼此的心聲，但不是控制對方的手段。」

根據我的經驗：技術性行為例如亂便溺，改善效果大。但如果關乎個性或本能，改善效果就相較低落。

例如黑柴犬muni。

muni，具備一切柴犬的特性：可愛、固執、愛玩、貪吃。

照護人首先準備了3張muni散步的照片，想問muni：「最喜歡去哪裡散步？」

muni對其中一張地上鋪滿小磁磚、像是社區中庭的照片最情有獨鍾。

「我最喜歡去這裡玩了！到這裡玩就不會有那個奇怪的繩子拉著我跑來跑去，我可以想去哪就去哪！」

「但是最近，都沒有去這裡了！為什麼？我想去這裡！」

照護人聽了後噴罵：「還不就因為你很愛跳高高的花圃啊！你的後腿是經過醫生認證的很脆弱，一天到晚跳花圃，我怕你受傷啊！而且你都講．不．聽！」

「還有、每次到那邊，到了要回家的時候

你都會故意跑給我追，我追得很累耶！」

沒想到 muni 身為黑柴犬倔傲的本性果然不示弱立刻回嗆，現場立刻變成鬥嘴大會。

「我的腳又不會痛，而且我知道妳要抓我回家，我不想回家，我還沒玩夠！不想被妳抓到，而且又要被抱起來好高我好怕！」

「還有！妳有時候會用吃的騙我回家，我才不會相信妳！而且我在忙，不想吃。」

「你這臭小子是有多忙，跑給我追！好，你現在只要答應我不再亂跳花圃我就每天帶你去你最愛的中庭玩！」

「好！我盡量！」muni 認真地回覆我這個「口譯員」。

「還答應得這麼委屈？」照護人好氣又好笑的說。

沒想到回去後隔幾天，照護人回信給我，說連續六天，muni 真的都沒有跳上花圃，跟以前瘋狂跳上跳下的態勢大有差別。

「而且玩累了就慢慢走去門口等我，超級乖的！他現在出門這麼乖，我一定天天帶他去中庭的啊！」

這就是我說的「技術性行為」，比較容易改善。

那所謂本性難改的問題行為呢？一樣，我們還是請可愛的黑柴犬 muni 示範舉例。

「我們家隔壁是牛排館，可不可以拜託 muni 不要再去那邊翻廚餘桶了！」

不意外的，muni 立馬一口回絕：「辦不到！那裡太香了！」

照護人眼見無效，再接再厲退而求其次詢問：「那你可不可以不要再亂吃地上的東西了？」

「我只是很好奇那是什麼味道！我會吐出來！」

「可是每次看你亂吃，要把東西拿走的時候，你都會吞下去！」照護人不甘示弱的反攻！

「因為會被妳搶走啊，我只好吞下去了！」

muni講得一副理所當然的樣子。「亂吃東西」的溝通，就因為muni擺明不願配合、談判破裂，就此擺下。

想利用溝通改善本性有多難，我總是笑說：「小時候我媽媽叫我好好念書，我也一樣沒在聽啊。」（顯示為死小孩）

Chat chat time!

知道動物問題行為的動機以後，通常要再搭配環境與人的改善，再輔以1～3個月的觀察期。想要在環境、人都沒有變動的狀況下，要求動物改變，是微乎其微的機率。像我曾經碰過有隻狗總愛對家裡愛捉弄他的小兒子吠叫，媽媽要我請狗「多喜歡小兒子一點」，我回答：除非他們互動有改善，否則單方面的希望狗改變對人的態度，基本上是不可能的啊！

story 05

成為更好的自己

我忘了是看誰說過：「在愛情裡比愛對方更重要的，是成為更好的自己。」

兩個人展開一段新的關係，有點像是火箭發射到外太空，你需要汰換很多不同的零件來配合外太空不同的氣體壓力需求。

審視、汰換、調整。

我覺得任何一段關係都是這樣的，你善待自己、愛自己，在修補調整的過程中，蔡健雅是怎麼說的？進化成更好的人。

然後更好的自己，再帶著對方一起成為一個更好的人。

有點扯遠了，但我想講的事情是，一段關係，不管哪種關係，最重要的都是內觀自省，抱持著「我想給你最好的我」的美好心情，不斷修練。

但這次我想聊的不是兩性關係（當然不是！）而是抱持著這樣心情的米克斯犬——多比。

多比是兩位照護人從三芝收容所帶出來的精壯米克斯，為了想帶多比從山上的收容所下山，照護人費了不少功夫。

「我們平時以機車代步，但是想把多比帶下山，首先一定要先讓她願意上車跟我們走！」

「可能是多比在鐵籠子裡待太久了，對人類不是很信任！也不會坐機車，所以我們連續三天騎車上山跟多比培養感情～慢慢教她上機車！」

「那回家後有好一點嗎？」我喝著冰涼的水果茶，興味盎然的發問。

「到了台北市區的家，多比幾乎不吃不喝，整天躲在暗處，只要一帶她出家門，她就會非常焦慮而且超誇張的橫衝直撞！」

「當時的我們，每天每天都會花很多時間跟她說話聊天，哄她吃飯喝水！並且改成在凌晨沒什麼路人的時候，帶她去台大散步，嘗試很多方法讓她安全的坐上機車，帶她去人煙稀少的草原跑跑！」

嗯，怎麼聽起來，很像男生誘哄喜歡的女生跟他交往呢？（笑）

「這次溝通主要是希望多比出門別再那麼緊張、橫衝直撞了。還有、別那麼害怕坐機車呀！」

沒想到一詢問多比出門橫衝直撞這件事情，她的反應很激烈。

「外面很可怕！很多聲音！而且好像都有人要打我！我就想要趕快出門上完廁所趕快回家！」

「怎麼會，妳別怕呀，有事情、我們會保護你的！」照護人立馬像英雄般拍胸脯保證。

「我知道啊～上次有一隻黃色的狗要來欺負我，你有站在我的前面！」

「天啊！妳記得妳記得妳果然記得！多比結紮前，有一次在公園散步，被一隻豬哥黃狗狗纏上！我就真的站在多比前面保護她！怕她被欺負啊！」

「我覺得我現在亂衝有好很多了啊，跟剛開始和你們一起生活相比，我覺得我進步很多了。」多比自我感覺良好的發表著自己已經付出很多努力的論點。

「這樣講也是啦！那妳為什麼不敢坐機車呢？」

「有可怕的聲音！而且感覺會掉下去！」

「我們會保護妳，讓妳不會掉下去的！學會坐機車的話，還可以去妳喜歡的山上草原玩喔！」

「……我不要！」

「那我們給妳好吃的肉肉，妳願意學坐機車嗎？」

「那種時候哪有心情吃東西啊！」多比一副我們問了傻問題的樣子，不屑的回答。

「也是……那種緊張時刻，多比連食物都不看一眼的……」

眼看照護人跟多比的談判就要破裂，我想到多比很愛跟家中另一隻紅貴賓「毛筆」爭寵，我想著試試看用毛筆激她會不會有用。

「妳看毛筆都可以坐機車，去一個有很多美食的美食天堂喔！妳不學會坐機車的話，就不能去美食天堂了～只有毛筆可以去喔！」

我用像要滴出蜜的語氣跟多比談判，口氣就像白雪公主她後母誘哄她吃毒蘋果似的。

「好吧我試試看。」

我原本以為還要纏鬥一段時間，沒想到多比立刻棄械投降，早知道她的死穴是毛筆，一開始就搬出毛筆多省事。

結果回去幾天後，照護人回報：

隔天我們載多比去看醫生治療拉肚子，多比竟然會自己上車！她之前都不會的！

而且也願意接受肉條的賄賂了～真是一大進步！

至於橫衝直撞的問題，除了有逐漸改善以外，現在散步的時候，明顯感覺到多比一直在注意我們，好像是要跟我們說「你看這樣我有沒有好一點？」的感覺～

看到這封信，我整個開・心・到・不・行！

兩個照護人，決定迎接多比成為新家人的那天，就付出所有的耐心，希望盡量讓緊張膽小的多比接受。

最讓我感動的是，多比、也確實感受到這份愛與耐心，不斷的調整自己的腳步回應。

雙方都努力調整，成為更好的自己來迎接對方，建立這段新關係。

就像橫衝直撞的散步，因為雙方的配合逐漸出現協調的節奏，每次想到多比會時不時回頭，注意照護人的步伐，用眼神詢問：這樣、有好一點嗎？

只要想像這一幕就讓我感到無比窩心。

Chat chat time!

剛從收容所領養狗回家，狗兒也許會較敏感不親人，但請多給點時間與耐性培養感情，保證等他安心了、愛上了，也會像多比一樣變成黏人精呀。

我想跟那隻虎斑貓決鬥

story 06

這天來聊的貓陽陽是一匹帥氣的虎斑貓，拿鐵咖啡的底又帶著巧克力的斑紋，典型的漂亮虎斑。

不得不說，陽陽是隻反應快、聰明機靈，又很會跟照護人「對嗆」的貓，精彩對話節錄如下：

養貓？讓我打就可以。

照護人：再養隻弟弟或妹妹陪陽好不好？

陽陽：可以讓我打的就可以！

照護人：哪來的小孩這麼暴力！

我：還是就養幼貓陪陽陽？

照護人：不行啦，會不會被陽打死啊……

我想跳到電風扇上面，為什麼不行！

照護人：你有什麼不喜歡的事嗎？

陽陽：我不喜歡跳到一個平台上面還有一塊地方的時候被趕下來！

（我試圖畫出圖片讓照護人瞭解）

照護人：因為那個地方是嵌在牆上的電風扇啊！（翻白眼）掉下來的話很危險耶！

玩大便找藉口。

照護人：為什麼總是要把大便挖出來玩？

陽陽：因為這樣妳才會來清。

照護人：你亂告狀！我明明每天都有清！

照護人2號：還是他要跟妳說還有一顆很久都沒清到……

照護人：怎麼可能，根本自己想玩找藉口吧！

不要拆飲水機好嗎？

照護人：可以好好的用現在的飲水機喝水嗎？不要一直把濾心挖出來。

陽陽：不喜歡飲水機很吵很可怕，就是要把它拆掉，聲音才會變小。

我：陽說他喜歡用這個喝水。（順手畫出一個馬克杯）

照護人：那是我們在用的杯子啊，我偶爾會用那個餵他喝水，好啦回家弄幾個馬克杯給你喝水。（聽說回家換馬克杯後陽陽立馬打破兩個，所以最後還是沒收！）

照護人：那可以不要玩水嗎？

陽陽：那我要玩什麼？

照護人：…………（Leslie 我頭好痛我講不下去了）

鳥很好玩！我要玩鳥！

陽陽：可以弄鳥給我玩嗎？鳥會動來動去的很好玩！

照護人：這是什麼可怕的願望啊！你不把鳥分屍了才怪。

我：像是飢餓遊戲想獵殺的感覺，陽陽啊～我勸你還是想點實際的願望好了。

照護人：對啊怎麼可能買鳥給你，家裡蚊子追一追就好了。

我：不然可以買電動雷射光筆看看。

照護人：這還可列入考慮。

結果還是變成人類商討購買清單大會了。

搖搖盆抓膩了……

照護人：為什麼要在褲子上磨爪爪？

陽陽：有什麼問題嗎？

照護人：可以抓搖搖盆啊。

陽陽：因為我抓膩了啊～！（理直氣壯）

照護人：…………（Leslie 我不行了我頭真的好痛）

聊到最後，照護人笑著說：「好啦，那問問看陽陽還有沒有什麼願望？」

歡樂的溝通時光到尾聲時，大致上整體會走向「許願池」路線，請動物們開清單，想吃什麼、想玩什麼、生活有沒有想要增加或刪減的，趁現在一次講完。

滿足動物的心願好比神燈精靈，看到動物的心願被滿足、照護人也會很高興。我想這是人類有被需要的本能，被動物填滿了吧。

離題了，讓我們回到陽陽。

陽陽想了一下，給我看了一個畫面：一個窗戶、外面有那種老式鐵杆搭成的窗台。

陽陽說：「這裡常常晚上會經過一隻虎斑貓，看起來很兇的樣子，我好想出去跟他打一架分個勝負！」

照護人語帶驚恐地說：「怎麼可能！我家住11樓耶！11樓怎麼可能有貓經過啦，陽陽是看到什麼不該看到的東西嗎……？」

之後照護人又說：「啊，我們家樓下是公園，常常會有流浪貓經過，也許他說的是流浪貓？啊哈哈哈，陽陽～～公園流浪貓都很強啦，他們都是混街頭的扛壩子耶，你打不過啦，死了這條心吧。」

原本以為找到了解答，就此安心想往下溝通，但、突然福至心靈，我想到了！

「陽陽是不是看到窗戶自己的倒影，以為是別的貓？」我語帶興奮地這麼說。

瞬間，所有解答都出來了！

「難怪他晚上會對著關起來的窗戶看很久！」

「難怪他有時候會對著窗戶叫！」

試圖跟陽陽溝通：你看到的貓咪其實就是自己。

陽陽卻很生氣地回我：「才不是！那隻貓很兇耶！他很討厭！那隻貓才不是我！」

唉，看來要跟陽陽解釋什麼是「鏡中倒影」，還要再花一點時間呀～

動物因為體型大小、生活經驗都跟我們完全不同，所以有時候動物給出的畫面跟對世界的理解都跟我們有很大的落差。

溝通師的職責就是把收到的訊息忠實傳遞給照護人，但不可避免的，有時候解讀是要靠照護人與溝通師一起共同猜測、推想。所以如果一開始就抱持著不信任溝通師的態度，溝通品質的落差就可想而知了。

現場或照片

很多人都會問：動物溝通的時候，帶動物來現場好？還是用照片好？

一方面想要看動物溝通時，動物現場的反應。另一方面多少還是有些人，是不大能理解透過照片就能進行動物溝通，感覺還是要「紮紮實實」地面對面接觸，才比較心安。

關於要用照片還是本尊，我通常都回答：

如果帶照片進行，照片需要近三個月內拍攝，看得到雙眼的為佳，直視鏡頭更好！

親臨現場的動物以安穩平靜為最高原則，如果你家的動物帶出門會焦慮不安，如大部分的貓咪，或是吠叫問題嚴重，那麼用照片溝通品質「絕對」會勝過與本尊面對面喔。

不誇張，有一次照護人帶了貓咪本尊來現場聊天，但貓咪出門已經非常不爽了，到了人聲鼎沸雞飛狗跳的動物咖啡廳，不用動物溝通，我從他的表情都能看出這隻貓現在非．常．不．爽。

我還是硬著頭皮進行我的工作。

但這隻貓卻一直跳針：這裡是哪裡？為什麼要帶我到這裡？我要回家！帶我回家！不管我怎麼循循善誘，貓咪反反覆覆就是這幾個句子的排列組合。後來實在沒辦法，只好原機遣返。

我想那時候那隻貓咪的心情，大概就像媽媽帶你到很髒很臭很受不了的公廁，你受夠壓迫很想離開這裡，媽媽卻要你跟個陌生人敞開心房談心一樣吧。

當然只有徹底破局的份。

也有過帶過嗨的狗來到寵物咖啡廳。狗狗一到現場，一樣、不用動物溝通也能感受到他滿場亂飛充滿了這樣的OS：

這裡是哪裡！我要去這裡！噢！那邊有貓我要去瞭解一下！不行這邊還有隻小狗我要先聞聞！天啊！那是食物嘛！我要去聞一下食物！咦！母狗的味道從哪裡飄來的？

通常我都會請照護人讓狗四處亂飛一陣。我都說：讓他去吧，他肉身在這魂魄不在這，硬鎖著他在我身邊也沒用。

等狗自己繞個15分鐘，冷靜下來，才能好好連線溝通。（不然我說什麼他都像耳邊風，出門像忘記帶耳朵）

有趣的是，親臨現場的動物溝通，動物一定先由躁動逐漸趨向平靜，接下來可能或坐或趴，到了動物溝通的後半段，動物通常已呈現疲憊狀況，呈現電池快用光、快沉沉睡去的樣子。

我猜想，也許動物溝通，耗費的是精神力吧。只是我是很大的人類，受到的影響不大，但小動物們，應該感受得到差別吧。

有時候現場動物吠叫問題嚴重，我也曾嘗試用動物溝通解決。但我得老實說，效果不彰。我想應該就像小孩到了餐廳哭喊不休，就算媽媽罵破喉嚨，也不一定有效的道理吧。

動物跟人一樣，情緒上來的時候，耳朵是關起來的。是真理。

與毛小孩談判，也要交換條件

story 07

教小孩有一招叫做「轉移注意力」，大抵就是小孩如果為了某件事哭鬧、你拿別的東西給他，轉移注意力，哭鬧也就停止了。

人也是，失戀再痛苦，找件新的興趣做，減肥、上瑜珈課、揪好姊妹去逛街，或是更簡單的，找個新的伴，立刻又是一尾活龍。

我常覺得跟動物「談判」的時候也是如此，把動物當5歲小孩，跟他溝通不准他這個不准他那個，他們常常第一句回我：「為什麼！可是我很喜歡○○○呀！」或是「那我不○○○要幹嘛？」

可是拿別的東西出來「交換條件」，就可能讓談判出現轉機。

啵啵，就是經典案例。

交換條件一：
給我紅色的肉肉，就不吃塑膠袋

「我想吃那個紅色一片一片的肉，那個好好吃喔……可是好久沒吃了，可不可以再給我吃一點？」啵啵好像沉浸在紅色肉肉的美味中，慢條斯理的說。

「我沒有給他吃過紅色的肉啊？他是不是自己做夢夢到啊？」照護人一頭霧水。

「大概形狀是這樣的，有點像香腸的切面，啵啵說妳都是用手拿給他吃的。」我拿出紙筆畫給照護人看。

「啊，我知道那個啦！不過那個是深褐色不是紅色！害我想不到！」照護人好像終於猜對考題答案那樣喜孜孜。

「那是我最一開始餵啵啵吃的零食，是第

一次帶他去醫院檢查時順便買的，印象中好像三條一百，我會剁成小塊小塊給他。只是後來覺得三條一下子就吃完了真是有點貴，所以就換成別的零食。」

「欸，說到愛吃東西，可不可以幫我叫啵啵不要再吃塑膠袋了？」照護人打蛇隨棍上發問。

「他說他很少吃，通常都是咬而已。」我順便演出啵啵吃塑膠袋的樣子。

「沒錯，他通常是咬塑膠，但如果遇到長條形的就會咬一咬要吃進去，而且他明明就有吃進去過！」

「喔，那我應該也是不小心的吧～」啵啵一副理所當然。

「而且這個東西也沒很好吃，幹嘛要吃，只是覺得香香的我才去咬。」啵啵繼續大無畏的回應。

「哪有，你明明就有吃吸管套。」照護人不甘示弱立刻反駁。

「喔～吸管套真的很美味……」啵啵好像在回想美味的吸管套，有點心不在焉。

「你這樣我真的很困擾，你有時候還會自己把免洗筷抽出來然後咀嚼筷子套，所以我壓力很大都睡不好，就會一直起來看，所以隔天早上也常常精神不濟……」

「那我不嚼這個也不知道要幹嘛啊！我覺得嚼這個打發時間滿好玩的。」

「可是你吃那個會死掉！死掉喔！」

「為什麼？」

「因為沒辦法消化。」

「什麼是消化？」啵啵歪著頭，一副照護人說了外星語的樣子。

看不下去照護人和啵啵之間永無止盡好像沒有盡頭的談判，我決定插手：

「反正就是，你吃了塑膠袋，塑膠袋就會塞在肚子裡，肚子就會脹得滿滿的，然後就再也吃不了紅色的肉肉喔。」

「……吃不了紅色的肉肉嗎……」啵啵講話速度變慢了，好像在思考。

「對啊，你只要吃塑膠袋，就再也不能吃紅色肉肉了喔。」看啵啵好像動搖了，我再接再厲加把勁。

「那每天晚上媽媽回家，就要餵我吃那個紅色的肉，這樣我就不吃塑膠袋。」啵啵經過好一番思考，破釜沉舟痛下決心說道。

沒想到照護人立刻噴罵：「你也太貪心了吧！每天誒！不行！」

「一小塊就好，因為我不吃塑膠袋就是為了吃紅色的肉。」啵啵說話的語氣像是最後妥協，沒有退路。

「好吧，只要你不吃塑膠袋，那就每天一小塊紅色的肉肉。」眼看啵啵退一步了，照護人也釋出善意妥協。

「好，成交！」我開心的決定往下個話題邁進。

交換條件二：

多給我吃一餐，早上就不亂叫

「還有一點讓我很氣，就是你早上都會很

早起來一直喵喵叫，這樣真的很吵人睡覺。」現場變成抱怨大會。

「可是我很餓啊！」啵啵理直氣壯。

「可是你吃飯時間還沒到，不能吃。」照護人死守防線。

「可是我很餓。」看來啵啵開始跳針了。

「可不可以吃三餐？一天吃兩餐的話，常常在快天黑的時候就都好餓……」啵啵自己提出條件交換。

「好，這個可以！」照護人立刻爽快答應。

「然後常常睡醒的時候也好餓，可是妳都沒醒，很煩。我真的好餓，可以給我吃東西嗎～？」幾乎是哀求的語氣了，這個啵啵是戲精轉世嗎？

「好啦，我回去會想辦法啦，到底是多久沒給你吃飯啦！」看來抱怨大會最後轉為溫馨氣氛。

結果回去後，照護人實驗性地放飲料的塑膠袋在啵啵面前，他真的一口都沒碰。

「那早上愛鬼叫呢？」我好奇追問。

「哈哈哈，我把原本兩餐的量，改成睡前多餵他一餐加很多水的。這樣既可以控制體重不會變胖，他又有在睡前吃到肉肉。」照護人一副無良奸商的得意樣。

「有用嗎？」我迫不急待追問。

「我現在每天都睡得好安穩喔，哈哈哈哈！他偶爾真的餓了還是會叫，但次數跟原先相比，真的減少到一個不行呀　」（灑花瓣轉圈）

有時候 Q 比偷人類的食物或是不該咬的東西吃，為了怕我跟她搶、她反而會硬吞，所以我也是拿別的東西或食物跟她交換，交換條件真的很有用啊。另外，這種要狗吐出嘴裡食物的緊急時刻，動物溝通是一點用處都沒有的。（笑）

話說做動物溝通也算是做翻譯的一種，翻譯不只需要忠實傳遞雙方心聲，更要求信雅達。（是不是很難做來著）

有時候動物講出的話真的滿難聽的（無誤），我都不好意思直說，畢竟我與照護人也才第一次見面，講話這麼難聽人家見笑登生氣拒絕付費、網上抹黑我怎麼辦？

例如有一次主人問我，那○○愛不愛我？（眼冒愛心）

貓回答我：喔，她就是個沒有了會很麻煩，負責餵我吃飯的人啊。

你說說這種話你要怎麼講給對面那位充滿期待眼冒星星的少女聽？

然後我就修飾一下：

嗯……他覺得妳是很重要的人，生活中如果缺少妳很麻煩，可以說是個不可或缺的對象。（請來賓為我掌聲鼓勵鼓勵！）

沒想到當場遭主人打槍：Leslie，我太懂我的貓了，他不是會說這種話的咖，妳講實話沒關係我頂得住！

照實傳達後，主人竟然笑顏展開說：對嘛，他說這種話我一點都不意外～（笑如春花）

貓奴們我猜不透你們啊～～～（抱頭）

又還有一次，是對夫妻帶著狗（依稀記得是柯基）問我：狗狗最愛誰？

沒想到狗老大回我：「看誰比較常給我食物我就比較喜歡誰啊！」

這個答案，那時在下皮薄，實在不敢說給對座兩位眼慈目善的照護人聽，只好委婉說

道：兩個都一樣喜歡歐～，但是，如果誰給他多一點的食物，他就比較黏誰喔～（笑）

唉、想到就頭痛。

動物說話，真的沒有在走委婉客氣這套的，但也就是真性情這點，沒有迂迴曲折，讓我更沉浸在這份「口譯」工作呀。（手比愛心）

那麼，大家想要原汁原味？還是希望我……

那個、稍微潤飾一下原文？

動物口譯工作還有一點比較難做是：口譯是語言對語言的單純溝通，但動物常常是丟畫面給我，我再描述畫面給照護人，不過描述畫面的過程，常常會有誤差（畢竟又不是傳真機）。所以我經常會準備一本畫本跟紙，隨時用我（拙劣的）繪畫能力，盡量完善溝通品質。

story 08

媽～拜託讓我養貓啦！

「我跟妳說，我有兩隻貓朋友！」

一連上線，黃金獵犬「妹妹」就迫不急待跟我炫耀她的「貓朋友們」。

但孰料媽媽聽得一頭霧水。

「妹妹啊～妳哪來的貓朋友？家裡從沒養過貓呀！」

「一隻黃色的還有一隻黑白色的貓，這兩個我都很喜歡。」妹妹立刻將貓咪的畫面傳給我，好像這兩隻貓早就存在她的大腦資料庫很久，想都不用想！

「黑白貓是之前鄰居的貓叫做亮亮，是唯一肯理妹妹的貓。但是黃色的貓……勉強想來是之前住在山上時，有隻流浪貓常常到後院鐵架上睡覺、要不然就是偷翻垃圾，這樣也算妳朋友喔？」

照護人帶著愛溺好氣又好笑的語氣，手一邊溫柔撫揉著妹妹金黃色的毛髮。

「說到這個，我知道妹妹真的很喜歡貓，因為她之前差點撿一隻小貓回家……」

撿一隻貓？這個太有趣了，不等照護人細說，我直接問妹妹：「聽說、妳要撿一隻貓回家啊？」

「我哪有撿貓回家啊！我只是『發現那隻小貓』，是一隻黑白花的小貓。我很喜歡他喔，幾乎每天都會去看他……」

我用手比出貓的大小、還有形容顏色，都與「差點撿回來」的那隻小貓無誤。

媽媽又氣又笑的說：「妳明明就是很想撿那隻小貓回家！那時候連大颱風天也要拉著我們去看貓，要不是妳爸不准、妳早就帶回家了！」

「而且颱風過後，妹妹馬上吵著出門要去找小貓，卻再也找不到小貓。妹妹不死心每天去，結果我們在當初發現小貓的地方看到鐵絲網上掛著一個A4大小的瓦楞紙牌。」

上面寫著：「親愛的大家，我是小喵喵，謝謝大家之前的照顧，我沒有淋到雨，我已經找到新家了，請大家不用擔心我，謝謝！」

那時，妹妹的把拔看著紙板說：「這應該是寫給我們家妹妹看的吧！」（笑）

「可是我真的好想要一隻貓喔，家裡可以來一隻嗎？拜託～」

「欸，這個妳自己跟妳爸講，我不能做主喔。」

沒想到話一落，妹妹現場「立刻」轉頭用無比渴望的眼神望著她把拔，可惜還是遭把拔無情的打槍。

現場的狀況，就像央著爸媽要養寵物的小孩一樣，說白了，根本就是「寵物想養寵物」的可愛情景。

愛貓愛到不行的妹妹，溝通中途還主動給我「中斷」，吵著自己已經講很多了，想要找店裡的貓玩！等玩夠了才肯回來「就定位」繼續溝通聊天，完全就是個沉醉於「貓咪溫柔鄉」的小朋友。

回去跟朋友分享這個「想養貓的狗」的故事，沒想到朋友笑說，想養貓的狗也太荒唐了吧！好啊！那就跟妹妹說可以啊，以後貓砂妳清、罐頭妳買，一切比照對人類小孩談判一樣辦理。

但我想、妹妹那麼想養貓，一定會胡亂答應一通，最後還是丟給媽媽照顧吧。（笑）

Chat chat time!

許多人訝異狗跟貓可以和平相處，其實溝通過許多狗與貓一起生活的案例，相親相愛的不多，但大部分都能做到形同陌路各過各的。如果已經養狗、還想再增添一位貓成員，建議挑選幼貓比較容易建立感情喔！

長毛貓，都覺得自己好美

有一句話說：「世界用你要的方式來對待你」，大抵意思就是你用什麼方式對周遭的人，周遭的人就會怎麼回應你。

最簡單的比喻就是，你總是笑臉迎人，對於身邊人事物都親煦如冬陽，自然、你也會感受身邊的人也如此對待你。

世界用你對待它的世界對待你。我很喜歡的女歌手陳綺貞，曾在演唱會謝幕後，從小巨蛋穹頂上，漫天灑下一片片、紙做的小葉子，上面用手寫字體印著：當我擁抱世界、世界就開始擁抱我。

你知道嗎，其實人看自己的角度，常常也都取決於身邊的人怎麼對待你的。

從小到大大家都說妳是美女，妳自然也會覺得自己滿不差的。（早餐店老闆娘說的不算）

從小到大身邊的人都說妳很醜，當然自我感覺也不會良好到哪裡去。

雖然大家都說不要在乎他人的目光，但是不可否認的，我們都會依隨著別人眼光而搖擺、甚至定義自身價值。

動物也是一樣的。

我聊過這麼多貓，樣本數也該夠了，我發現長毛貓幾乎都挺自戀的。（笑）

不管金吉拉波斯或是米克斯，只要是長毛貓，都常跟我說：「我覺得自己滿美的。」或是「妳看我的尾巴是不是很美～（甩）」

曾有一隻白色波斯柚子，請我問照顧人說，「有沒有什麼食物吃了會讓我的毛更美更亮～？」

隨即他又爆出家裡另一隻波斯貓熊熊被剃毛的慘案。

柚子：「我們家另一隻跟我一樣的長毛貓咪，之前被剃毛了，他那陣子真的好慘，慘到我連取笑他都不忍心～」

照護人：「那時的確常看他想接近熊熊，輕巧地靠近想舔舔，但熊熊立刻就跳開了，現在想來那應該是沒臉見人的感覺……」

柚子：「請你幫我轉告媽媽，我希望在我有生之年這種慘案都不要發生在我身上～！」

照護人語氣帶寵溺的說：「好啦～～我知道你有多愛毛如命啦！你每天都要照著鏡子舔自己的毛，不剔不剔，萬一剔了你心情差到不吃不喝，最後麻煩的還不是我。」

還曾與另一隻金吉拉蕾蕾聊天，我邊撫摸著她，邊說：「蕾蕾妳好～～～美。」

沒想到蕾蕾回我一句：「那還用說！」（語畢順帶把蓬蓬的尾巴像狐狸一樣高高往上翹起）

然後不斷甩她的尾巴給我看，說她的尾巴是多麼蓬鬆美麗，讓我跟主人現場三條線。

但照護人隨即說：「我怎麼一點都不意外她會這麼說，因為從她小時候開始，我跟我老公、還有來家裡的客人，都天天說她好漂亮……」（白花油按太陽穴）

而我碰過最最最漂亮的波斯貓，就是有著金銀雙瞳的肥雪。

他與我對到眼，第一句話就是：「我很美我覺得我好美～我的尾巴好美　」

問他：「生活上有什麼想要改進的地方嗎？」

他立刻回答：「想要多用那個尖尖很多針的梳子梳毛！」

但問起跟家人的相處，肥雪卻很貼心。很喜歡姊姊、但是最喜歡媽媽，還會主動擔心媽媽健康，說：「叫媽媽不要一直看電視，我覺得一直坐在那兒、看太多電視不好。」

後來聽說肥雪也15歲了，想自戀也由著他吧！只要長輩開心就好了啊是不是？

常常誇自家的狗或貓漂亮，久了你真的會發現他們有自信許多、眼神也充滿亮光。許多照護人帶從收容所領養出來的狗跟我溝通，現在的狀態、與剛出來時的照片相比，不講毛色狀況，單講眼神，有人寵愛、誇獎，那個氣勢喔……嘖嘖嘖，不一樣滴～！

計畫！綁架兔子！

story 1O

有時候我也會碰到有些動物心聲，是想要有其他動物陪伴生活。

這是個很特別的想法，但細想之下也不會奇怪。

因為，動物還是會有想要與動物一起生活的本能吧。

試想想如果我們從小被貓咪或是狗狗撫育長大，即使知道貓咪爸爸或狗媽媽很愛我們，但終究，我們還是會渴望與同伴相處的吧？

聽起來很奇怪，這樣說好了，和家中的狗狗膩在一起很快樂，但難道這能取代加班後和同事去居酒屋怒罵老闆的爽感嗎？

和貓咪一起在床上打滾很愉快，但難道這能取代和姊妹淘一起下午茶討論某人又死性不改貪戀美色交了花心男友的八卦快樂嗎？

和同類相處的快樂，永遠無法比擬跨物種的爹娘啊。（但我知道也有另一區塊的動物是因為從小就只跟人類生活，變得動物社交性很差，遇到別的貓狗就大發雷霆的，在此不在討論範圍）

黃金獵犬樂樂，曾瞞著照護人想要偷養兔子，只可惜在「綁架兔子」時就被發現，被迫放棄「養兔大計」。

「住我隔壁的室友有養一隻灰色的兔子叫芝麻，樂樂第一次看到芝麻的時候，整隻狗high翻了！」照護人眼開眉笑的神情，再加上因為開心調大的音量，讓我立刻感受到樂樂對芝麻的熱愛。

「因為我跟我室友感情還不錯，所以我還滿常帶著樂樂去她房間串門子的。」

「但有一次我們兩個坐在床上聊天，突然發現怎麼芝麻的籠子，正緩緩地朝門口移動！」

不等照護人把故事講完，我急著想聽「樂樂版本」，所以直接問樂樂接下來的劇情。

沒想到樂樂很無奈地說：「我是很想把兔子推到我自己的房間啊，可是推到一半、就推不動了！」

聽完後大家一陣大笑，樂樂的照護人笑說：「因為後來卡到書桌了啊！她推到一半就卡住了、根本無法前進。」

「我跟室友就這樣在床上看著樂樂無所適從、進也不是退也不是，很想把兔子綁架回房間但籠子又推不動，再加上籠子裡面無奈的兔子，整個畫面超・爆・笑。」

好喜歡芝麻的樂樂，每天都好期待看到芝麻，聊天時我問樂樂：那妳最近有跟芝麻玩嗎？

樂樂立刻很興奮地回我：有！昨天才跟她玩！我只能遠遠的看著她，但是這樣就好開心了！

照護人笑說因為怕樂樂體型太大誤傷芝麻，所以也不是很放心讓她們玩在一起。

「哈哈哈，沒想到遠遠的看著，就被樂樂定義為跟芝麻一起玩。不過樂樂現在有新工作喔！就是『牧兔犬』！」

「因為芝麻常常放出來後就愛東躲西鑽，躲到床底去以後、大家都拿她沒轍。這時候就要派樂樂出馬了！」

當芝麻躲在床底時，樂樂就會負責守在床底另一邊、讓芝麻不敢往那邊去，再搭配樂樂濁重的呼吸聲和時不時往床底伸的狗爪，包準芝麻很快就從床底鑽出來、逃命也！

最後，我問樂樂最近還可以「綁架」芝麻回房間嗎？沒想到樂樂很無奈地說：「我很想啊……但籠子根本就推不了、推不動了！」

芝麻馬麻笑說：「自從上次綁架事件後，芝麻的籠子一律靠牆放，畢竟知道隔壁整天有隻大野狼想綁架家裡的小孩，當然要做點『防護措施』啊！」（笑）

樂樂除了自己想養小動物以外，還具備小孩的另一個特質——愛爭寵。

那時照護人拿出他爸爸的照片給我看，想問樂樂對爸爸的想法？

沒想到樂樂立刻回應：「愛他！我最愛他了！全世界我最愛的是把拔，把拔全世界最愛的是我！」

沒想到這讓身為家中老么的照護人，聽起來十分之不爽。（笑）

「我其實拿出照片前就有想過樂樂會給我來這段宣言，可是我真的沒想到她真的這樣想啊～！」

照護人笑說，家裡有三個小孩，樂樂排行老么，是大家疼愛的小妹妹。樂樂總是一臉不在乎的態度面對我，但只要看到老爸便眼睛發亮，尾巴也像是使用金頂電池那樣大幅度搖個不停，完全不會累。

「明明在家中我才是唯一的女孩，因此老

爸在家中一向較疼愛我。但我每次看到樂樂那麼熱愛我老爸，所以我常常半開玩笑半吃醋的告訴樂樂：『樂樂，妳不是把拔的親生女兒，你是外面撿回來的小孩，是領養的小孩喔！把拔最愛姊姊，接下來才是愛妳。』」

「只是沒想到我那麼多年來在樂樂耳邊煞費苦心的灌迷湯，樂樂剛剛竟然還說我爸全世界最愛的是她不是我，這不是在跟我宣戰嗎！」（大笑）

看到照護人和樂樂這樣比拚較勁爭寵，那一刻現場的我，真不知道誰比較孩子氣。（笑）

大部分大狗都會對其他小動物如貓咪、兔子，展現濃厚的興趣，雖然無惡意，但是怕體型過大的先天優勢，在互動的過程中仍會不小心讓小動物受傷，所以一般我還是不建議讓大狗跟過小的動物生活在一起。

堅持聽到的聲音

note 04

動物溝通原本就是信譽度很差的行業，大部分人都以神棍靈媒視之，很多人聽到動物溝通四個字，就很想手起刀落鞭數十驅之別院這樣。

也曾聽過有人說：覺得動物溝通應該像很多算命的一樣，只是根據對方說話的神情來判斷自己接下來該講什麼話。

這其實真的很危險，因為人容易想討好別人以及想取得別人的信任，所以在對話過程中見風轉舵真的是很有可能發生的事情。

但以下最近我碰過的案例讓我覺得：好險！堅持聽到的聲音，沒跟著隨風起舞！（拍胸口）（再喝兩杯薑湯壓驚）

案例A

照護人：Leslie～幫我問我家貓對家人的想法。（把全家福的手機畫面遞給我）

我：右邊這個很喜歡、但有時候太黏我了很煩。（妹妹）

中間這個女的不錯，常弄東西給我吃。（媽媽）

這個男的……嗯，沒有特別感覺。（此時沒有特別的互動情緒和畫面傳給我）

照護人：怎麼可能！我爸爸超疼她的耶，她還會跟我爸翻肚撒嬌……真的沒感覺嗎？

我：（再認真看照片一次）嗯……真的沒有特別感覺，怎麼會這樣（囧）

照護人：（探頭過來看照片）啊哈哈哈哈，這個是我弟弟啦！抱歉，對，他們兩個的確都沒有什麼互動。

我：（大鬆一口氣）

補充：弟弟（還是哥哥？）長得挺成熟的，所以當下我真的也沒發現不是爸爸。（顯示為眼拙）

案例B

A貓：我是這個家裡先來的，後來才來另一隻貓B。

照護人：啊？不是喔，是先有B，之後才養你的。

我再問A貓：ㄟ，你搞錯了吧，你爸媽都說是先養B貓才養你的，你不要給我亂講話！

A貓：真的啦，這個家明明就是我先來才有B的。

我：啊……他真的強調是他先來才有B的。

照護人女友：啊～！當初為了迎接A貓，想說先隔離一下，所以我們先送B貓去朋友家住了，等A貓穩妥了才把B貓接回來。他應該是這樣誤會的吧！

我：原來謎底是這樣啊。

我也曾經碰過刻意要試探我的照護人，一對男女來找我，跟我說貓咪亂尿尿，不知道是什麼原因。

溝通後貓咪說：家裡有新來的人，我不喜歡。

我講了後男生看著我說：新來的人，是我吧？是我嗎？

我與貓咪確認後說：嗯，坦白說貓咪真的不算喜歡你，但那個人好像不是你。

然後女生就拿出手機秀嬰兒照片說：應該是我女兒吧？

問了貓咪後，賓果！因為家裡有新生兒，貓咪感覺被冷落了所以噴尿抗議。

如果我當時順著那男生話說：對啊應該是你喔，你們剛交往嗎？我不就現場砸招牌了。

做動物溝通，最重要的一點就是真誠，還有不要為了想迎合別人而跟著見風轉舵隨風起舞，要忠實傳遞動物的心聲。

想了一想其實人生也是這樣，不管別人說什麼，傾聽自己心裡內在的聲音才是最重要的喔。

攝影師蜷川實花也說過：只要那是你要去的道路，即使所有人都跟你不同方向，但只要那是你要去的方向，你也要堅持下去，因為那是你的路。

所以堅持自己的聲音，真的是很重要的事情喔。（怎麼結尾變成心靈雞湯）

有的時候，遇到動物說的狀況與現實不盡然符合的時候，還是需要照護人與我一起了解動物的想法。做動物溝通有時候很像婚姻諮商，我只是負責幫助夫妻之間溝通的人，如果一方有什麼誤會，還是需要另一方的幫忙，才能一同解開誤會，或是了解對方為什麼會這樣想。

story 11

掰掰囉！當沙發客的日子

毛小孩爭寵的問題真的讓人很頭大。

我是說，這不是什麼看醫生或是嚷嚷著「你們不要吵架！」就能解決的事情。

毛小孩爭寵，輕則像是有些照護人跟我抱怨「原本養的貓／狗，個性變得很孤僻，不太會像以前那樣主動找我玩／撒嬌了。」

重則出現問題行為，亂大便尿尿、攻擊人、吠叫，或是不斷攻擊另一隻動物引發流血衝突，搞得全家民不聊生生靈塗炭。

但咪呀的狀況，完全不是以上所述那麼回事兒。

「原本家中七個孩子都能相處在一個屋簷下，但是當去年聖誕節前，我騎車從天橋上撈了當時才兩個月大的鑿小鹿來到家中後，好動愛撒嬌的他造成了家裡大孩子們的壓力與困擾……」

「後來我跟姊姊努力調整，最後變成分開台北台中兩地，一邊四隻一邊三隻的照顧著。但咪呀出現一個問題：他不進房間睡覺！」

「這小孩不回房間睡，反而在客廳、浴室瘋狂的呼喊著，直到我離開房間和他一起待在客廳的沙發睡覺，但是只要我偷偷回房間睡覺被發現，就又是下一場次的呼喊。」

照護人帶著重重的兩輪黑眼圈，氣若游絲的跟我描述著狀況，看起來真的好可憐好可憐。

我：「那不要理他鬼叫呢？就讓他哭倒長城呀！」我一向對毛小孩是實施鐵血教育政策的，因為我相信唯有快樂的媽媽才有快樂的小孩。

照護人：「如果不理會他，就是會四處到處亂尿。這樣諜對諜一週後，我現在只好到客廳和他一起當沙發客，過著肩頸痠痛的日子……」

唉呀，看來真的很棘手啊，我問咪呀：「為什麼不肯回房間和媽媽一起睡呢？」

「因為大家都在媽媽房間床上一起跟她睡！但媽媽是我的！我的！我才不要跟其他貓咪分享媽媽。」咪呀帶點驕縱的語氣回覆我。

「天啊，我原本以為他是怕被另一隻貓多多打，才不敢進房間。我還一直叮嚀多多不可以欺負咪呀。」

那、幫我跟他說：「進來房間睡好嗎？我最疼他、愛他，進來跟我一起睡好不好～？」

咪呀：「我不要，我希望家裡只有我跟妳，看到其他貓都跟妳一起睡床上，我不開心！只有把妳叫到客廳來，沙發上只有躺我們兩個，我才不用跟別的貓咪分享妳！」

此時我內心獨白：天啊……這是什麼獨佔情人的小三宣言？

「好好好，我知道你最愛我了，但是我跟你睡沙發，我的身體好痛、好不舒服喔，你這麼愛我，一定也不忍心看我這麼不舒服對不對？」照護人嘗試用「愛」來做談判條件。

「……」咪呀沉默著。

「好吧，我不知道妳會那麼不舒服。那我希望床上可以放一個軟墊，只有我可以躺的軟墊，別的貓都不准躺喔，那是我的位置，這樣其他貓才會知道我是最獨一無二的、媽咪最愛的。」體諒媽媽不舒服，咪呀終於願意妥協。

「要軟墊嗎？好好好，我去幫你準備！那這樣你就可以回房間、和大家一起睡了嗎？」

「我會努力試試看。」咪呀給了承諾。

過一陣子，照護人就興奮回報：「Leslie！咪呀和我，現在都睡房間了喔！」

信中寫著：

「第一天回家後，咪呀突然踏進房間活動，真的讓我嚇了很大一跳，之後當睡覺時間又到了的時候，其實可以感覺到他心中的矛盾，於是我重複了那時妳轉述的話：『我知道你想要家裡只有媽咪跟你，但是多多跟花花也是家人，我承諾過要照顧他們一輩子，所以我不能不管他們，房間很大啊，你選好的位置我一定會留著給你睡。』」

「神奇的是，這時咪呀的聲音就變了，應該是說他知道了，願意接受了的意思吧。」

「之後的每天，我都會在睡前單獨陪陪他20～30分鐘不等，咪呀不穩定的情緒慢慢的也改善了許多，會自己找多多還有花花玩耍，慢慢的回到一種平衡。而且現在還會催促我去睡覺，抱他去房間後，自己就會在位置上理毛選角度睡覺，偶有幾次會任性的在客廳鬼叫，但是只要我陪他一下，再帶他回房間，他就也乖乖的睡覺了，現在每天都睡到翻掉。」

看著信上的字，都感染到照護人神采飛揚的心情。（當然！一覺好眠解百憂呀！）但

我得說，可以告別黑眼圈跟腰痠背痛，都是咪呀願意體諒媽媽、深愛媽媽的心情呀～（手比愛心）

Chat chat time!

動物爭寵打架的時候，我建議冷處理，盡量隔離就好。千萬不要在一隻動物面前責備另一隻動物。因為這樣除了會讓沒被罵的動物有優越感、覺得自己比另一隻位階更高。（例如：哈哈！你看！媽媽罵你不罵我！）也會讓被罵的動物對另一隻動物更心生怨恨（就是你害我被媽媽罵的！），嫌隙更加深。

靈魂有性別嗎？

note 05

曾經動物溝通後有個女生問我：我想知道他的靈魂是男生還是女生？

我那時沒多想，先回答：很難說男或女，硬要說的話，因為體貼、願意理解人且算撒嬌，應該偏女性多一點。

溝通這麼多動物以來，我其實很少感覺到靈魂的性別，性格可以透過說話的節奏、氣質展現，但我必須坦白說：我感覺靈魂沒有性別。

按這個邏輯下來，我們的身體只是不同的容器，用來承載靈魂。

當我們離開這個世界，擺脫肉身的束縛，我不是人也不是女，我只是意識體。

當動物的靈魂離開他的身體，他不是原來的狗也不是公或母，只是意識體。等待下一個身體承載靈魂，然後開啟下一段旅程。

照這麼說來，我們在這個世界尋找的不是男或女，只是彼此靈魂契合的另一半。

還沒找到的，對方一定在某個角落等你，你現在所有的歷練都是為了磨練自己，成為更好的靈魂去遇見對方。

已經找到的，互相珍惜彼此帶來的激盪，知道在人生的路上有人無論如何都挺你，與你一起成長，那真的是一件很美的事情。

Chat chat time!

我一直都覺得用性別來區分愛情是很傻氣的事情，愛就是愛無分男女，我覺得神對我們唯一的要求就是善與愛，因為其他的規範都是多餘。

很多人在感情裡面有個壞習慣，很糟糕的壞習慣。就是會不斷去挑戰底線，想讓對方證明有多愛自己。

有些女生喜歡撒嬌著問男友：我覺得你都不愛我了～（哭音）通常這時候男朋友就會配合演出，用竇娥六月飛霜的語氣說：冤枉啊～我明明就！@＃E＠$％（下略三千字）女生因為小胡鬧還能獲得安撫，得到「他真的愛我」的證明而快樂，如此周而復始。

但是後來想想，這很危險。因為這其實是在「下暗示」。

每天每天，周而復始地扣「你都不愛我了」的大帽子給男友，不斷不斷暗示，也許有天吵架、吵累了，男友會開始認真思考：也許我、真的不愛她了？

嘿，你知道嗎？與其說「你都不愛我了」討拍，我建議不如改問「你最愛我了對不對？」

雖然只是改變問法，但是這讓否定問句變成肯定問句，其實是天差地別的思考轉變。我自己親身實驗後，發現我胡鬧亂發小脾氣的次數，有逐漸減少。

我想這是因為將自我否定的部分切割了。從「我不值得被愛」的根本思考，轉向為「我值得你最多的愛」。心態調整為自重自愛，自然能獲得更多的愛。

於是我開始想：動物呢？動物會不會去做荒唐的事情，想以此證明對方有多愛自己？

小狗會不會去挑釁狗媽媽的底線、證明媽

媽愛不愛自己？

答案是不會的。

想愛就愛、不理就不理，這就是動物們。

Q比表達她愛我，會跳起來、轉圈圈、搖尾巴、舔我的臉，Q比恨不得用盡所有的肢體語言，告訴我：「我是真的真的真的愛妳。」

照顧毛孩子的喜悅就在這裡，回家，就有愛、就有溫暖，何其幸運。

而人類有語言，我們彼此用語言溝通，但我們卻失去了表達愛的方式。

我們因為沒有安全感所以害怕付出，取而代之的，是誕生很多畸形的方式去獲取愛、獲取注意力、獲取關注。

可是你知道嗎？想怎麼收穫就先怎麼栽。

想要愛、就要先付出愛。

我想我們都該像毛孩子學習坦率地表達愛，也許就先從每天練習對毛孩子說愛開始吧！

對人說愛，就像是送一份禮物給對方，因為、知道有人愛自己，永遠是件好事。誰不喜歡被愛呢？

嘿~Q比　我是真的真的真的愛妳。:)

在感情的世界裡面，當個坦率的人永遠比當個彆扭的孩子來得討喜。安撫一次玩猜猜心是情趣、但當次數到達上百次，是佛都火。一起練習說愛、當個坦率表達情緒的好情人吧！

story 12

唱作俱佳的溝通師

通常我會盡我可能的、唱作俱佳地忠實傳遞動物給我的話語還有語氣，所以很多照護人回饋的溝通記錄心得都會不約而同提到：Leslie當時看起來真的跟家中的毛小孩的動作或神態一模一樣。

遇到同一隻動物，情緒一以貫之、貫徹始終倒還好。比較特別的是遇到天龍地虎，極high和極冷兩種個性的動物放在一起強碰溝通，說話態度一下淡漠、一下歡樂，簡直就是用肉身上演「冰與火之歌」呀～！

例如熱鬧的博美犬bubble和淡漠的貓咪Mipa就是很好的例子。

那天，我先跟超可愛的博美bubble聊天，bubble像大多的小型犬一樣，個性熱情活潑，講話速度偏快，嘰哩呱拉地很熱情、樂意分享他的生活。

他最大的問題就是，嗯，幾乎公狗都有的抬腿尿尿問題。

照護人說她簡直擦尿擦到要崩潰，想問bubble到底知不知道廁所是哪個？

我一問bubble，湧進超多畫面，連我都不知道哪個才是他正確的、法定合格廁所。

我委婉跟照護人說：「你們家bubble好像不知道廁所是哪個，他很驕傲地跟我說他有很多很多廁所……」

照護人整個現場超崩潰，還說：「我是不意外他有這個答案，可是我沒想到他真的這麼想……」（顯示為捏碎玻璃杯）

後來很用力、盡力的跟bubble溝通，他才說：好啦、尿布盤那邊我知道是我廁所，只

是我還有其他很多個廁所啊～（不！親愛的你並沒有！）

如果媽媽想要我在那邊上那我就盡量在那邊上好了。但是要給我很多很多肉乾吃喔！

媽媽立刻答應成交。

晚上就收到照護人來信：「一回家 bubble 就立刻去尿布盤表演尿尿。」雖然我很高興 bubble 是個願意妥協溝通的好孩子，但內心也衷心祈禱他不要明天就把說過的話忘記就好。

在溝通過程中，我傳達 bubble 的語氣一直維持歡愉、跳躍且字句表達有點快速，有點像愉悅湍急的小溪、邊跳躍著水花。

接下來，是冷靜的貓咪 Mipa。

我很專注地翻譯，但照護人說，我的語氣，很明顯開始變冷淡。

有點淡漠、帶點無所謂，都可以、都好，沒什麼喜好，幾乎像個入定老僧。

問他想吃什麼、討厭吃什麼？完全沒反應。想要什麼零食？見鬼的也沒給答案。我倒是只看到一個，三角形的、淺褐黃色的餅乾。

形容給照護人後，她說：「那是皇家的飼料啦！Leslie 妳沒連錯，因為 Mipa 就是個除了飼料其他都不大愛吃的孩子啊。」

接下來問 Mipa 家中長什麼樣子，他給得還算準，只是沙發跟電視位置需要換一下。

確認連線以後，開始問很多問題。

問他可不以不要跳神明桌啊～不要咬人那

麼用力啊～Mipa 都冷冷淡淡地回：

「我就很喜歡啊～在那邊才是全家最高的地方、可以看大家在幹嘛。」

「我就很喜歡妳才咬你啊　好啦我下次輕一點。」

（題外話，聽說有一次家族大拜拜，場面浩大，Mipa 躲在神明桌上方的天花板夾層，大家拜拜插香到一半，Mipa 竟然帥氣地從天而降，嚇壞一大票長輩嬸婆親戚！）

Mipa 也有惡趣味，他說最喜歡躲在沙發下面，看人找他、找到後很辛苦地蹲在地上跟在沙發下的他講話。

「覺得看人類大大的身體蹲在地上跟我說話、有點辛苦的樣子很有趣。」Mipa 說這句話的時候帶點惡作劇的語氣。

說 Mipa 不喜歡人也不至於，但就是個自得其樂，很能自處找樂子的毛孩子。

當時溝通這兩個天龍地虎的毛孩子，我的情緒高低起伏不定，態度一下歡樂一下淡漠，事後回想，我覺得隔壁桌的應該會覺得這女人根本是個肖耶吧！

一般溝通完定點大小便問題後，約有六成機率，毛孩子回家會改善。但要持續這個好習慣，一定要仰賴照護人的獎勵制度，如果兩天打魚三天曬網，尤其對隨時想要用尿尿佔地盤的公狗來說，習慣是很難維持的～

不願回答的原因

story 13

Niki 是隻漂亮的金吉拉，體型小，毛色豐盈柔順。

帶來咖啡廳的時候，一直黏在老大哥毛毛身邊，兩隻貓膩在一起像這世界只剩他們倆。

我問 Niki 妳要不要出來，沒想到被一口回絕：「不要，我要待在毛哥哥身邊。」

讓我驚呼：「天啊，這小倆口是什麼愛情對話！那毛毛你這樣也沒關係嗎？」

「我沒關係喔，就隨便她啊……」毛毛語氣帶寵溺狀回應。

看來這兩隻貓咪，感情真的很要很要好。

連線確認後，照護人遞手機給我看：「她還記得這個男生嗎？」

畫面中的男生很年輕，二十出頭，眉清目秀、神色自若，有點玩味的看著鏡頭。

沒有畫面跟訊息。

「我沒收到什麼畫面跟感受耶，他們似乎互動不多？」我試探性地這樣問。

「沒有耶，她跟這男生生活過一兩年，這男生很照顧她的。」

「他們多久沒見面？」

「大概……一年吧。」

「那可能是不願回想沒有一起生活、看不到的人吧，有些動物會這樣，不如我們先聊點別的，看等等回頭來聊她會不會願意講。」

「那她記得車禍嗎？」主人面色略帶凝重的問我。

提到車禍兩個字，Niki 也是一片空白，沒有畫面跟訊息。「可以給多一點提示讓她理

解嗎？」我嚐試引導主人幫助溝通流暢。

「那場車禍，我跟剛剛那個男生都在前座，他是我男友。Niki 自己在後座玩耍，車禍後，我昏迷、我男友卻當場離開。Niki 也是事後在醫院，路人幫我抱著給我的，但她那時也是嚇到魂飛魄散、一片空白的樣子。」

即使說到這樣詳細了，Niki 也是什麼話語都不給，我像是跟一堵牆說話一樣，音訊全無。

「也許聊點什麼別的好了，先轉移她的情緒。」

後來我們聊了很多，一些食衣住行，愛吃什麼、不愛吃什麼、為什麼不愛喝水、討厭哪隻貓喜歡哪隻貓、為什麼晚上愛亂叫、喜歡什麼玩具。

一些、你知道的，風調雨順的問題。

這些問題，Niki 都能帶點嬌氣的迅速回答，這個不要那個不喜歡，這個好吃可以多來一點，一切都像平常的溝通一般順暢。

聊到最後的尾聲，照護人問：我們家有很多房間，可以問問看 Niki 最喜歡待在哪個房間嗎？

畫面很清楚，風光透明，一個房間，擺飾簡單乾淨，陽光、空氣都在空間中自然流動著。

我嘗試畫出格局，照護人看到後緩緩道出：「這個，是我男朋友的房間。」

我問 Niki：妳知道這是那個男生的房間

嗎？

她又恢復到靜音模式。

溝通結束後，我整理我的情緒，我想著：似乎，無意間窺見那些動物原來也跟人類一樣擁有細膩而幽微的，不可碰觸的記憶。

那種、只有自己能保存，關於一個人的、單單只關於他的回憶片段。

人說至悲無淚、至愛無言，大抵就是這樣了。

許多人會問動物，會不會思念前主人或是已經很久沒見的前男友，大部分的動物都會回答「看不到的就盡量不去想。」

也許有人會解讀為無情，但在我看來，因為他們也無法發 WhatsApp 或 LINE 或者任何主動聯繫，再多的思念對自己來說都會是負擔，所以在只能消極的接受下、遂演變為「out of sight ,out of mind」了。

story 14

跟最愛的你們在一起，什麼都沒關係

我們大致上都是這樣的，對喜歡的人親昵異常。碰到喜歡的人，標準都會寬鬆一點，沒關係，開心就好嘛。

就算有時候踩到自己的地雷，多數也能笑笑就過去，不大會真的計較。

但要是遇到不喜歡的人，那可是多聽兩句話，其忍住翻白眼的力氣所消耗的卡路里，大概都可抵跑操場三圈。

都說狗兒好相處，我動物溝通以來，覺得貓有個性、狗較隨和，但直到我認識這位拉不拉多犬歪歪才知道，狗狗跟喜愛的家人一起生活，還真是可以什麼都不計較。（笑）

歪歪是一位北上念書的大學女生，帶著照片來與我溝通的。

順帶一提，這位女生很有趣，念的是國立大學生物系，理論上是完全的左腦使用者，卻因為我的部落格與粉絲專頁，讓她願意傾聽且相信動物溝通。

她成功預約後，有次還氣沖沖地寫信來跟我說，身邊的同學知道她要來動物溝通後，都揶揄她一番。

即使被嘲笑，她還是堅定地跟我說：「雖然身邊很多同學還是抱持懷疑態度，但我覺得、他們只是不想試著瞭解這種難以理解的事情罷了。（笑）」

終於到了溝通的當天，坦白說，我有點緊張，因為不想讓這位真心信任我的朋友失望。

沒想到拿出歪歪的照片試圖連線後，我丟出的訊息，讓我們都無法確認是否有連上線。（晴天霹靂）

「最近家裡是不是常常有大聲的聲音？」我疑惑地問。「歪歪說那個讓他很不安，會想要走來走去，這邊躺一下那邊躺一下。」

「欸，很大聲的聲音？是什麼？」照護人一臉茫然地問我。

她進一步說明：歪歪是一隻缺乏神經的淡定狗，從果汁機到暴雷地震都無法讓他離開正在睡懶覺的床墊。所以讓他不安的大聲聲音，真的讓人摸不著頭緒。

「歪歪說那個聲音通常都是白天，很吵很煩，走到哪裡都躲不掉這個聲音。」我跟歪歪要了多一點的資訊後回報。

照護人還是一臉疑惑，所以我先從下個問題著手，那時我阿Q地想：也許答案晚些就自己出來了。

照護人說歪歪之前有滑倒受傷，想問他還會不會不舒服？

我問歪歪後，他說：現在左後腿那邊……好像怪怪的，也不是痛，就有點卡，走一走會想縮起來，其他地方沒有特別不舒服～

這下換照護人臉僵掉了，因為她尷尬地擠出幾個字回報、我才知道，幾星期前歪歪摔到的明明是前腿啊啊啊啊啊啊。（痛苦抱頭）

因為照護人遠赴台北念書，也許有些狀況並不是很清楚，看來需要與人在高雄、與歪歪一起生活的照護人媽媽現場對證了，所以我請照護人打給遠在高雄的阿母。

幸好在打給阿母以後一切都有解答。

很大聲的聲音，是因為、最近樓上浴室在施工。

（照護人補充：難怪歪歪形容那個聲音是「不安又焦躁」，而不是害怕，因為我們家南部那種午後雷陣雨大暴雷，歪歪都能處之泰然，但施工這種聲音，是連人類都受不了的啊～）

不舒服的左後腿，阿母大笑說：歪歪他自己今天早上玩球拐到左後腿啦！

鬆了一口氣的我想著，還好、還好我沒讓信任我的照護人失望。（嗚嗚，一瞬間心情好像洗三溫暖）

確認連上線後，我問歪歪、對生活有什麼意見嗎？

沒想到歪歪用無奈的語氣，控訴他受到的委屈。

「有時候我躺在地上，人類都會衝過來壓在我身上，不喜歡，但好像這樣人類又會很高興的樣子，就算了。」

「啊哈哈哈，我們就是喜歡這樣抱你啊，這是我們很愛你的意思啊！」照護人笑著解釋。

「還有人類常常跟我握手，又不把我的手還我，我很困擾。」

「還有，有人會這樣用手指戳我鼻孔玩我的鼻子，我很困擾。」

「喔對了，人類還會在我頭上放一些奇怪的東西，我很無奈，可是看人類好像都很高興，就算了。」

「天啊，你幹嘛把所有平常我們欺負你的行徑都說出來，是有這麼困擾嗎？」照護人大笑。

「因為歪歪平常也沒有很劇烈的反抗，拍照什麼的他也都很配合，所以我們不知道他有這麼不喜歡！」照護人試圖說明。

「可是這些事情啊……雖然讓我很困擾，但我真的覺得、人類做這些事情的時候都會很高興，如果這樣他們就會很高興，我沒關係喔！就算了！」

歪歪的語氣，和我以前碰到抱怨的動物完全都不同。

這樣說吧，以前碰到想客訴的動物，通常語氣激烈，一副忍了一輩子終於有機會一清宿便（？）的樣子，很有不趁此時一吐為快更待何時的感覺。

「可以不要這麼愛抱我嗎？真的很煩耶！」

「等一塊餅乾要等好久好久好久，到底什麼時候才讓我吃！」

「每次都要梳毛梳好久，梳到我都痛了，可不可以不要這麼愛梳我的毛啊？」

大致是這類的客訴語氣。

歪歪卻是充滿無奈卻又沒那麼在乎的感覺，雖然不喜歡，但卻能捨身取義（？），似乎家人開心、他就開心，一切都無所謂。

我想到之前，其實還有跟照護人聊到他們認識歪歪的經過，印象中歪歪是這樣說的：

「之前在一個空曠的空地生活，有一群男的會餵我東西照護我。後來有一天他們走了，沒有帶著我。我覺得很餓，就自己走出來離開那裡了。」

「自己生活的過程中有被人趕過，但沒有被打。後來有一個人帶我回家，照顧我。」

「但那個照顧我的人，不是現在的家人喔，她是長這樣的。」歪歪緩慢說完後，把畫面傳給我。

看起來是一個有點年紀的阿姨，傳達訊息給照護人後，她說：「沒錯！我們是跟一位阿姨帶歪歪回來的。」

看來歪歪在加入這個家庭以前，有自己過上一段苦日子。

無怪乎，後來我們問歪歪：最快樂的事情是什麼？

原本以為會得到一些玩球、吃飯、散步的答案，沒想到歪歪思考了一陣子以後說：

「最喜歡的事情，就是能來到現在這個家。能夠來到這個家真是太棒了，跟以前的生活不一樣。這個家有愛我照顧我的人類，我很喜歡。」

大概也就是這樣，所以，一切的「家庭霸凌事件」，歪歪都能處之淡然了吧，因為，也許對歪歪來說，能跟喜歡的人一起生活、受到照顧，真的其餘的都不再也不需計較了。

雖然歪歪因為際遇的關係，說出一些感人的話，但到最後問他有什麼話要跟家人說，他卻只說一句：「我好餓，我想吃飯。為什麼還沒有吃飯？」

電話另一端的阿母在爆笑後補充說明：因為現在才 7：40，離歪歪的吃飯時間 8 點還有 20 分鐘啦！

唉呦，原來是因為逼近吃飯時間的關係，難怪歪歪吵著肚子餓。（笑）

簡單的答案

note 07

大班是一隻漂亮的黑色台灣土狗，就是那種台灣最常見的，英姿煥發、黑到發亮，雙耳尖尖、鼻子長長的正宗台灣土狗。

他是我在課堂上練習的第一隻動物，也是我人生的第一個動物溝通。

溝通的印象有點模糊，也有點短暫，聊的問題不多，但大班的回應算清晰。

最主要想要溝通的問題是大班凌晨4點就會吵著要人帶他去尿尿，但人起床了開門，他又一副事不關己的樣子。（如果是我應該會很想徒手捏碎玻璃杯吧）

聊天後，大班說：我很早就睡醒了，但人類都還在繼續睡，我真的好無聊。醒了好久、就會想尿尿啊！也想要有人類起來陪我玩。

「可是人類早上都好累、好想睡覺，你能不能先自己玩呢，再等一會，人類就會起床了。」

大班想了想後妥協，他說：我可以忍到人類起床、不吵鬧，但如果睡前有人帶我去散步，我就不會大清早要人陪我出去。

之後照護人照做了，事情也就獲得解決。

這個案例事後讓我想了很久。

因為我想著，狗半夜吵著要尿尿、改成睡前帶他去散步放尿，不是世間再簡單不過的推測和道理嗎？

我身為動物溝通師，怎麼給的是這麼簡單的答案，會不會這不用問我就知道了，這其實是我自己人類的主觀意識推測？

這樣的自我懷疑持續了一段時間。

後來我想到了以前看到的一段故事（寓言之類的真實性有待商榷）

麥哲倫第一次航海繞地球一圈，回國後被人笑：不就是把船直直開下去嗎？這有什麼難的？任何會航海的人都會！

麥哲倫說：對啊，任何人都會這麼簡單的事情，但有任何人曾想到這麼做嗎？

我才意識到：

再簡單、再小的事情，只要沒人幫動物溝通，只要沒人想到，事情就無法獲得解決。

而動物溝通，就是成為照護人與動物之間的橋梁，有點像是婚姻諮詢，幫助相愛的兩個人有了溝通的管道。

幫助兩個物種的共同生活更好過，即使是再旁枝末節、再細微的事情，只要是能夠幫助彼此生活更順利的線索，都彌足珍貴。

Chat chat time!

一個問題行為背後可能有千百種答案，但有些問題較棘手，例如焦慮的舔毛、或是無原因的拒食，就算再怎麼揣摩猜猜心，效果還是有限。這種時候還是約談動物溝通師、坐下來好好聊聊吧！

story 15

吵架時，必備的逃生安全門

衝突吵架正烈時，喊停，是避免更大的傷害脫口而出。

當一方已然情緒衝昏頭，自己趕緊逃到安全範圍，躲避更激烈的言語傷害，也是為了保護自己心靈健康。

我通常把這樣的空間稱之為逃生門。

給予關係呼吸的空間是必須的，對於動物之間亦然。

小貓是隻可愛的乳牛貓，duedue 較特別，虎斑造型，但鼻頭帶點白色，前腳穿著白色的及踝短襪、後腳則穿著長白襪，討喜可愛。

小貓嚴格來說是 duedue 帶大的，但後來照護人帶著 duedue 到新家生活，把小貓放在父母家照顧，遂兩隻貓分開生活。（雖然叫做小貓，但也已 7 歲，duedue 則是 13 歲）

直到後來，照護人帶著 duedue 回家住，卻發現小貓排斥得厲害！

「最激烈的一次是三年前，小貓把 duedue 咬出兩個牙洞，像吸血鬼那樣，真的很恐怖。最近的打架狀況幾乎是每天，到了晚上 9 點左右，不是對峙就是追逐，如果打起來一定是滿地毛，連我去制止都會被小貓兇。」

從坐下來到現在，熱燙的伯爵紅茶一口都沒有啜飲，紅茶從冒著冉冉的蒸氣到現在逐漸冷涼，不用溝通、單用肉眼觀察也能感受照護人焦慮緊繃的心情。

問小貓還記不記得 duedue，小貓立刻回答：

「我當然記得他啊，可是現在這是我家耶，幹嘛要帶他回來我家啊！」（張牙舞爪）

但 duedue 卻好無辜的說：「我只是想跟他玩呀，他都不跟我玩，每次找他他就忙著生氣。」

「那他這樣追著要咬你，你受傷怎麼辦？」

「那就小心點不要給他追到就好了呀！不跟他玩我好無聊喔，我就是很想跟他玩！」

問小貓可不可以跟 duedue 和平共處，小貓卻說：「我可以當沒看到他呀，只要他不要來煩我！」

一個想要冷處理，另一個卻想積極挑戰對方底線。眼看談判就要破裂，沒想到 duedue 卻給出意想不到的方案！

duedue 主動給我看一個畫面：三人座沙發，旁邊還有張單人沙發，沙發旁邊是個可以對開的落地窗，窗外是風光大好的陽台。

沙發對面、不意外的，是電視。

「小貓常常在電視的右邊衝過來追咬我，通常我都會在另一邊。以前我都可以直接跳上電視這邊，然後小貓就追不到我了，這一個回合就算結束！」

「可是啊……最近，電視這邊都不能跳上去了，搞得我沒地方跳上去躲，可以幫我想想辦法，讓我可以跳上去嗎？」

沒想到 duedue 會主動提供逃生路線，我趕緊傳遞訊息給照護人。

「上不去就是因為 duedue 太胖會擋住爸爸看電視，所以我爸放了障礙物讓他不能跳上去。」

我思考了一下、建議照護人：「還是在電

視旁邊放個貓跳台、或是堆幾個箱子之類的呢？稍微設計一條逃生路線給他。」

「嗯……聽起來應該可行，好，我回家再去想辦法。」

貓咪在打架時，能有逃生路線與可以喘息的空間，就像一直被逼著一起住小套房的情侶，在吵架時能夠有多一個房間 time break。有了這樣的空間，貓咪的情緒相對也會較放鬆、不那麼緊繃，也更能把「街頭對幹」淡化為普通的「遊戲追逐」。

如果你家也有衝突不斷的貓咪，我建議可以效法 duedue 的逃生門良計喔！

設計好逃生路線以後，可以用零食一步一步引誘你想要保護的貓咪走一遍逃生路線，讓他知道現在這邊有個新的路線可以逃生。逃生路線的終點，應該是高處、且僅能容納一隻貓咪。才能確實保護想逃生的貓喔。

story 16

貓開會

許多人都知道貓群中會有貓老大，且貓咪的階級制度明確。

但你知道嗎？他們遇到重大事情時貓老大會聚集大家開會，針對問題商討決議。

事情是這樣的，有對夫妻說家裡最近養了新的小貓名喚阿咪，但另一隻成貓 Pinky，在阿咪來了以後曾經血尿，醫生診斷為壓力造成的。

就算試了貓咪費洛蒙效果一樣沒改善，夫妻兩個對於兩隻貓之間的愛恨情仇實在是很無奈，既擔心 Pinky 的健康狀況，又不能因為這樣把阿咪送走。所以想請我溝通看看 Pinky 對於阿咪有什麼感覺、有沒有造成他身體上的不舒服及心理上的壓力。

Pinky 有著折耳的可愛造型，但胸前卻有一圈華貴的白色胸毛增添氣勢。而阿咪則是隻可愛的橘白貓。

在溝通之下，劇情有了意外的發展。

我：「聽說你常常打阿咪耶，怎麼了？」

Pinky：「沒有啦……就小孩子需要人教規矩，教訓一下而已。」（老神在在）

這時候也跟夫妻倆確認：Pinky 雖然會打阿咪，但從來沒有真的見血過。

之後也跟家中另一隻最早養的貓阿丁連線。（撇開小屁孩阿咪，共有三隻成貓）

阿丁說話口吻穩重，且言簡意賅，讓我立即研判他是家中的貓老大。

阿丁：「當初阿咪剛來時，我們就開過會，其實大家都很不希望家裡有那麼小的

小孩，煩死了。但又覺得家裡有隻小貓、爸媽好像也滿開心的，所以就對阿咪沒那麼積極的驅趕，得過且過的讓他留下了。」

這時照護人補充：「阿咪是在一個月大的時候，被我們從路邊撿回家的，當時決定得很匆促，不撿他回來，他的命運可能就是在路邊餓死、冷死。所以也沒有時間跟其他貓咪宣布或是醞釀，就直接帶回家了。帶回家後，雖然那麼小，卻意外地沒有任何貓欺負他，或是排斥他。」

話語停頓一番後，阿丁像是又想到什麼主動提起：「雖然讓阿咪留下了，但是貓咪的規矩還是要教的，要教他上廁所、還有玩耍的規矩。」

但管小貓這種小事，還需要用到我出手嗎？所以最後就派另外一隻成貓 Pinky 出來當教官了。（所以 Pinky 是苦主來著）」

傳達後大家都覺得不可思議，但照護人們旋即想起：

阿咪剛來家裡時，家中成貓的嘔吐狀況算頻繁（然後阿咪就會立刻衝去吃，噁），但當時沒放在心上。

但現在仔細回想，發現那時的嘔吐不像「泡過胃酸」的嘔吐物，反而大多還看得出食物原型原色。

「共同反芻撫養小貓，但教養交給 Pinky 負責。」

是家中貓咪們開會的結論。

教育阿咪的事情告一段落，教官 Pinky 好像也要一吐怨氣，把這陣子教導阿咪的不快都一吐為快。

「我很喜歡陽台外的大樹，躺在樹旁邊很舒服，希望我躺在這裡休息的時候，阿咪不要來煩我。」

「唉呦，阿咪就是跟屁蟲、喜歡黏你、趴在你附近啊，好啦，以後如果我們有看見、會幫你驅逐的。」

「還有，現在的廁所好髒喔。」

「因為是四隻貓共用啊，已經買最大的貓廁所了。」

「所以，那就還是很大的髒廁所啊。」（頂嘴功力一百分！）

聽說回去後，Pinky、阿丁還有其他成貓們跟阿咪的相處也有改善，雖然阿咪還是很二百五的纏著各個哥哥姊姊討著玩，但激烈如血尿的狀況，據說也沒再看過了。

後來，我又聽說，兩位照護人又領養了一隻小母貓回家。這次，輪到阿咪擔起大哥哥的責任教育小貓，每天任小貓抓爬追趕，我想這就是所謂的現世報吧。（笑）

Chat chat time!

家裡如果已經有固定貓成員，要增加新貓時，為了雙方日後感情著想，可以先隔離新貓（關籠）一段時間，適應彼此的氣味，再慢慢拉長相處時間。不建議一下子就把所有貓放在一起大亂鬥喔。

一次也好，請嘗試在家上廁所吧！

如果有人輕輕摸了一下玻璃片，將玻璃片置於戶外兩星期或室內四星期，狗兒仍有辦法察覺到玻璃片上的人類氣味。對牠們來說，用嗅覺分辨出你昨天丟給他的樹枝、和院子裡一地的樹枝簡直就是微不足道的小事。

——《別跟狗爭老大》

有時在外面摸過別的狗或貓，回家後，家裡的動物就會像緝毒犬搜身一樣，聞遍你全身。如果說人類是用視覺來認識世界，那麼貓與狗可說就是用嗅覺來認識世界。

我就曾碰過一位照護人，有在外面餵養浪貓的習慣，他帶著浪貓的照片來找我，問浪貓：怎麼每次餵你吃罐罐都那麼愛磨蹭我的腿呀~?是真的很喜歡我還是只是看到罐罐很開心？

沒想到那位浪貓回答：沒有啊，我知道你家裡有別的貓咪，我故意要在你身上磨上我的味道，讓你家的貓咪知道你有在外面摸過我！（我內心OS：你哪裡學來這種鄉土劇壞女人的台詞啊？）

由此可知，嗅覺對動物來說，幾乎是像人類的視覺一般，是五感內的主要感受。

Sawa是隻超大的伯恩山犬，剛開始連線，他就開始劈哩啪啦的開菜單：喜歡豬大骨、優格，黃黃的萊姆味道怪怪的、不喜歡。

「還有我最喜歡那個白白的肉，如果可以每天吃就好了……」Sawa意猶未盡的開菜單，好像從知道要跟我連線那天起，就默默準備了點菜清單。（註：為了加強動物溝通時，動物的連線意願，通常我會建議照護人在溝

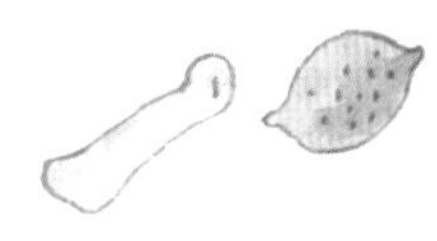

通的前三天，提醒動物說：有位姊姊要跟你說話，有什麼話都可以跟她說。有講有差！我覺得道理有點類似，小孩不會願意跟陌生人講話，經過媽媽提醒，聊天的意願自然會提升不少。）

「好啦好啦，就知道你想吃東西，你說的那個白白的肉是水煮雞肉，想吃東西回家再說，但你現在要專心跟姊姊聊天！」照顧 Sawa 的是一對夫妻，女生眼神溫柔用力揉著 Sawa 的頭這麼說。

「Sawa 平常都是等我們帶他出去散步才肯尿尿，但問題是他完全不願意在家裡廁所尿尿！連颱風天下大雨都一定要去外面尿尿！這樣子真的有點麻煩耶！」

「因為我覺得那樣會很臭很臭很臭很臭！」

Sawa 跳針式的立刻回應我，並旋即把廁所的畫面傳給我，說：「你們想要我去上的廁所，是這間嗎？」

我畫出一個有浴缸的浴室。

「對對對，我們家有兩間浴室，一間有浴缸一間是淋浴間，妳畫的這個，不管是門的位置還是浴缸跟馬桶的位置，都是平常 Sawa 硬被我叫去廁所碎念的角度看出去的廁所。就是這間！麻煩妳跟他說，平常憋不住的時候，就去這間廁所尿尿好嗎？」

原來 Sawa 為了等大人們回家帶他出門上廁所，都會習慣性憋尿。「而且我們現在發現他水也喝得比較少了，疑似是因為怕想尿尿所以不喝水。」

帶點緊張的語氣，照護人誘哄 Sawa：「跟他說，在家也可以上廁所啊，就去上、不要憋尿！」

「可是我覺得在這邊尿尿會很臭啊，全家都會是尿尿的味道耶，你們都聞不到嗎？」

「那地板沖掉就沒有味道啦！」

「哪有！還是會很臭很臭很臭很臭很臭很臭！」Sawa 持續跳針 ing。

Sawa 表達出的那種抵死不從的心情，好像要人在自己的床上大便一樣，渾身不自在跟無法接受！

「你不是最愛吃那個水煮雞肉嗎？那你如果在家裡廁所尿尿，我就早餐、晚餐，都給你加水煮雞肉喔！」照護人提出優渥的交換條件來加強談判籌碼。

Sawa：「………（沉思狀）」

我：「看來他沒有直接拒絕耶，有在考慮，快！再加把勁！」

照護人：「是新鮮的水煮雞胸肉喔！只要我們回家看到你在廁所有尿尿，就給你吃！好不好？」

Sawa：「……如果我記得啦……但如果我沒尿、肉還是要給我喔……」

「沒尿當然就沒有啊，你到底懂不懂交換條件的真諦啊！」照護人好氣又好笑的說。

聽說，當天晚上回家，Sawa 吃飽飯後，主動走到希望他上廁所的浴室門口，坐下、開始沉思。

看得照護人傻眼，因為平常除非人一直喊，Sawa 才會乖乖地靠近這間浴室，不然他是絕對絕對不會自己主動靠近浴室。

直到兩個月後的某天，照護人來信說：

Sawa 終於因為吃壞肚子，願意進廁所上大號了！雖然他是在逼不得已的狀況下被勸進廁所，而且一開始還不願意上，先坐在廁所地板好一陣子，最後才像是下定決心上出來，他終於敵不過屎在滾而屈服了！

味道這麼重的嗯嗯，Sawa 你都克服了，既然都已經願意在家裡上大號，那下次在家裡尿尿，應該也不是那麼難了吧？Sawa！

Chat chat time!

大部分習慣在外面上廁所的大型犬，都不願意在家裡上廁所。如果想要訓練的話，建議在狗狗剛起床、剛吃飽或是激烈玩樂一陣子後，帶進廁所，通常約 15 分鐘左右就會排泄，這時再給零食獎勵。建議零食撕小小塊，四、五個分次給，加強刺激度，讓狗狗對於「在這邊尿尿、會有好事發生」的連結更強烈。

story 18

敢惹我生氣，我就送你大便

小玉（發音 tama 醬），是隻絕頂聰明的貓，她有個壞習慣，就是送大便給照護人。

照護人說，最慢明年，想要出國留學。

「因為小玉跟我感情最好，又最愛跟我鬧彆扭，所以想要先跟她溝通我要出國，會暫時離開她的事情。」

「小玉是隻很傲嬌的貓，只要惹她生氣，他就會送大便給我。」（扶額）

「印象最深刻就是有一次我為了一件小事情罵她，結果那天半夜我上廁所，在廁所門口踩到『排列成一直線』的大便。」

「當下超氣的，但我決定忽視當作沒看到，怎麼可以就這樣跟她屈服？要讓她知道是她先做錯事情呀！後來第二天，小玉晚上跳上我的床，要我『靠邊睡』。」

「靠邊睡是什麼意思？小玉要獨佔妳的床嗎？」聽到不懂我立刻如妙麗般舉手發問。

「喔～不是啦！小玉很喜歡睡我們已經睡暖的床，所以她都會等我先睡，一段時間後就會跳上床，用她的貓掌推人，要我『靠邊一點』，這樣她才能睡已經被睡暖的地方。」

「我迷迷糊糊間就靠邊給她，畢竟她幾乎每晚都會給我這樣搞。之後就當然繼續呼呼大睡，結果早上醒來，我的側腰邊和我的床全都沾滿被碾爛的大便！」

「天啊！世紀大慘案！怎麼會這樣？」我不敢相信我聽到的。

「原來小玉要我移開以後，就故意大便在我為她暖好的床位，然後我晚上睡覺當然會翻身，結果慘案就是這樣了。」

「那妳有把小玉抓起來打一頓嗎？如果是Q比我就立刻吊起來打啊！」照護人故事說得太精彩，讓我感覺身歷其境，好像睡到大便的人是我一樣。

「沒有喔，她使出這招我真的受不了，我立刻跟她道歉！」

「之後她就原諒我了，馬拉松般的大便禮品行動就此告一段落。」

「喔對了，還有一次！」照護人像是要講續集一樣，把小玉的大便故事一次講完。

「有次我弟在玩電腦，小玉一直在旁邊喵喵叫，希望我弟陪她，但妳也知道，這世界上是沒有任何人事物可以移動玩電動中的男生的。」

「結果我弟隔天就在電腦旁邊發現『一顆』大便了。」

「不是一長條，像是刻意的、示威型的，不多不少、一顆像兔子屎的大便躺在電腦旁邊。」在吃飯的看官們對不起，但就是要描述得這麼清楚，才能看得出來小玉有多故意！

「天啊，這也太故意了吧！搞不好小玉還是硬擠的，如果可以我猜小玉都想留便條紙在大便旁邊了，便條紙上面應該寫著：親愛的弟弟，以後、不准再不理我了喔～揪咪！」我覺得小玉真的表現得太故意了不禁這樣幻想著。

「那她之後還有這樣過嗎？每天都這樣搞誰受得了？」我進一步追問。

「沒有喔，因為她後來都直接幫我們關機。」照護人一副理所當然，彷彿小玉掌控家中電腦開關再自然不過。

後來我問小玉：「小玉妳為什麼要送大便給別人？妳知道這樣很過分嗎？妳第一次這樣做是什麼時候？」

小玉：「有一次我大便在廁所外面，人類好生氣喔，指著我一直罵，那次我發現人類好像很討厭『大便』這個東西出現在廁所以外的地方，這會讓他們很生氣。」

「所以後來他們惹我生氣，我就決定我也要做會讓他們生氣的事情。」小玉的語氣陰沉又帶冷靜，簡直就是鄉土劇的壞女人。

「妳知道，姊姊過一陣子會不在家好長一段時間，妳可以試著接受看看嗎？」撇開大便鬧劇，我嘗試引導小玉入正題。

「……」小玉保持沉默。

「就是姊姊因為有別的事情要做，會有很長一段時間不在家，但媽媽、弟弟，都還是在家陪妳喔！」我繼續細心、語氣保持溫和的說明。很像那種電視上常演的，法庭處理離婚官司，法官對幼兒解釋說話的語氣。

「……」小玉持續保持沉默。

「小玉好像拒絕溝通這件事情耶……」我無奈與照護人反應。

「其實我不意外，小玉最愛跟我鬧脾氣，其實也是最黏我。」與剛剛的笑鬧語氣不同，照護人的聲音轉慢、轉柔。

「之前我曾經出國打工旅遊半年，聽媽媽說，小玉那時每天晚上在家裡上演夜半歌聲，喵喵叫不停，而且不斷巡房找我。聽說連飯也吃很少，整隻貓都瘦了一圈。」照護人心疼的說。

但不管我怎麼丟「姊姊要離開一陣子」這項資訊給小玉，她都關緊了門，怎麼都不願意回應。

「我覺得她根本拒絕面對現實！」我棄甲投降。

「沒關係，拒絕面對現實不回答，就代表她知道了，只是不想回應。我想小玉會自己慢慢消化這個資訊的。」

「至少目的達成了，提早快一年讓她知道這項資訊，希望到時候別再上演夜半歌聲、絕食抗議了。」照護人柔聲下了結論。

後來聽說，固執的小玉，還是無法坦然接受照護人不在家的事實。

照護人來信說，小玉目前在台灣給媽媽照顧中，據說還是飯飯吃很少，晚上吵鬧不休，而且因為身體有點不舒服，媽媽帶去看了醫生順便剪了指甲，回家後沒多久，小玉就馬上送上熱呼呼的大便給媽媽。

看來，小玉的「你讓我不爽、我就送大便」的行動仍舊持續中……

需要長期出遠門前，至少提前兩週，每天柔聲跟動物說：「我因為有事情要離開家裡一陣子，一定會回來，不是把你丟掉、也不是不愛你喔。我最愛、最捨不得的就是你，我會盡快回家的。」

根據經驗，大部分動物的分離焦慮真的會減緩不少。（小玉是極度固執型的例外）

有時候，動物會主動跟我說照護人跟他說的話。

「她會把我抱在懷中，在我的耳邊一直說最愛我了。」

「最近常聽到他們說要再帶一隻狗回來跟我做伴，拜託他們千萬不要！」

很多人都很驚奇動物其實聽得懂我們說什麼，我會說當然是簡單的，你跟他講銀行匯率還有服貿議題當然是聽不懂。（有人跟動物說這個嗎？）

把動物想像成3歲小孩，盡量用簡單的單字跟句型，大致上真的能理解。

這時候後排的同學又舉手發問了：那為什麼動物聽得懂我們說話，但我們聽不懂他們說話呢？

這位同學問得非常好，你就想像你被外星人抓走，跟他共同生活十年，雖然聽不懂外星話，可是因為你沒事也只能待在家，外星人回家你也只能觀察外星人，久了你不是笨蛋應該也會知道外星人的脾氣，還有拿出什麼是要幹嘛跟說什麼是要幹嘛吧？

外星人因為很忙，平常都在外面，時間到了就要像箭一樣射出門，晚上回家又滑手機滑平板看星星（不是窗外的），根本沒什麼時間觀察你繞圈圈是想尿尿、鬼叫是因為剛剛有聲音嚇到你。

一言以蔽之，一段親密關係，不管什麼愛情親情友情，對於對方的了解，一定跟你花在觀察對方的時間上面成正比啊！
那基礎點是什麼？就是愛啊！（莫名激動）

Chat chat time!

有次我媽媽用嫌棄的語氣跟我說：「妳不是說動物聽得懂我們說話？哪有！」

「簡單的聽得懂啦！妳是說了什麼？」

「剛剛我在廚房拿水煮雞肉給Q比，跟她說我現在很忙，走不開，妳拿這塊雞肉去給在房間的鴨咪（我姊的馬爾濟斯）。」

「結果Q比立刻吞下去耶！根本就沒有幫我快遞啊！」

我想應該有時候動物也是跟人一樣，聽得懂但不一定會照辦的吧！（攤手）

story 19

你不准抱我，但也不准抱别的兔子！

很多動物常常連上線第一件要抱怨的事情就是：別再抱我了！我最討厭被抱了！

「為什麼不要呢～？抱你是因為喜歡你呀！」通常照護人會有點委屈的這樣回應。

「那種被困住、綁住的感覺真的很不舒服，而且想下去也不能下去，真的不懂你們人類為什麼那麼愛把我抱高高耶……」這、是大部分動物的答案。

但兔子「寶貝」除了不給抱，還有別的要求……

剛跟寶貝對上眼，他就立刻像機關槍一樣的抱怨：

「我討厭這個外出籠的踏墊，很不好踩，你們進來踩踩看就知道了！」

「不要抱我，尤其是在我睡覺的時候，我會很生氣！」

「我不喜歡喝水，但是我的水瓶要天天換新的飲用水！」

「當我想靜靜窩在角落的時候，不要摸我、找我！」

「啊……我以為兔子脾氣都很好的，不是都被動物園歸在可愛動物區嗎？」我一口氣不停頓地幫寶貝轉達完他的「客訴清單」後，略帶喘氣地小心翼翼發問。

「唉呦，別人家的兔子可能是啦，但我們家這個喔，傲嬌！」照護人一副一點都不意外寶貝開出客訴清單的樣子。

「那他平常喜歡我們抱他嗎？」照護人進一步追問。

「我不要！我從～～～小到大，都一直被抱一直被抱一直被抱！走路也被抱吃飯也被抱吃草也被抱，我真的很受不了突然被抱到那麼高的地方，過一陣子又被放下來耶！」好像忍了一輩子的感覺，寶貝劈哩啪啦的訴說被抱的痛苦。

寶貝形容的感覺，就好像我們突然被「101大樓」抱上又抱下。易地而處，如果我從小就隨時、無預警地被 101 抱起來，應該也會頗不爽的吧。

即使被拒絕，照護人還是無奈地說：「好啦好啦，那以後少抱你一點，可是我真的就是太愛你了、才會一直想抱你呀！」

沒想到，照護人話才剛落，寶貝就傳送兩隻兔子的影像給我——一隻是棕色體型偏大，一隻是白底有黑色斑塊、稍小一點。

「這兩隻兔子，有夠討厭的，是我最討厭的兔子！」氣呼呼的寶貝說。

我轉達給照護人後，她想了一下，驚呼：「這是我這輩子唯二在寶貝面前抱過的兔子！」

「我曾經抱過兩隻兔兔，一次是二年前抱過學妹養的『麻吉』，一次是上個月在動物醫院抱過一隻生病的兔兔，那個時候我就有看到寶貝的臉一副很不開心的樣子。」

「不要再在我面前抱別的兔子了，我不喜歡！」寶貝幾乎要跺腳的氣憤。

委屈的照護人：「那隻生病的兔兔很可憐，開刀後不見得會活下來，所以我抱抱他安慰他嘛～！」

「然後呢？」寶貝一副理所當然、這一切都不關他的事情、唯我獨尊的樣子，如果是人類，我想他大概白眼都翻到後腦勺去了。

「那你不給我抱、又不准我抱別的兔子，那我怎麼辦？」照護人已經到了近乎哀求的語氣了。

寶貝用略為無奈、很犧牲的語氣說：「好啦……如果妳真的想抱我，妳心情不好哭泣的時候，我可以勉為其難給妳抱、安慰妳一下。」

照護人大笑：「啊真是謝主隆恩～」

不給人抱卻也不准媽媽抱別人，要抱他還得符合「傷心難過」的情緒標準，客倌們，

這不是傲嬌，什麼才是傲嬌啊啊啊啊！

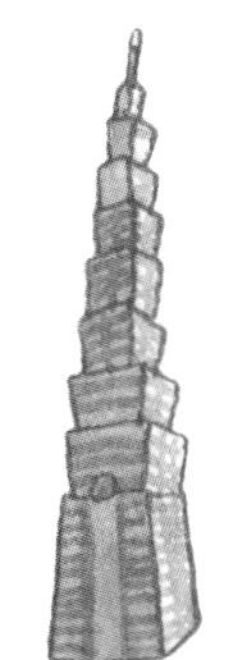

很多動物跟我抱怨討厭被抱是因為「討厭無預警被抱離地面的感覺」，但有些動物，如果事先知會他一聲，跟他說：「要抱抱囉！」或是「抱抱！」他有心理準備後，會比較沒那麼排斥被抱起來。

我跟Q比就是這樣，我要抱她前會跟她說「來抱抱！」她有時候會搖尾巴向前，那就是她樂意被抱的時候。但，當然、很多時候，她是背對著我、拔腿狂奔也！

自己的小孩講不聽

story 20

小時候大抵媽媽的話都講不聽，但到了外面卻乖得像條蟲。

老師的話聽、阿姨的話聽、隔壁大姊姊的話聽，但就是不聽媽媽的。

小孩對媽媽的情緒很奇怪，見到媽、有事沒事哭一場，愛撒嬌、像無尾熊一樣黏媽媽，但又偏偏、最不愛聽媽媽的話。

我雖然還沒生小孩，但最近也體會到這樣的難處。（怎麼報應來得這麼快？那我跟宇宙下訂單說好的樂透呢？）

米米是隻超可愛的比熊，比我們家Q比大且重，但卻比Q比年輕，快滿1歲。

大抵上米米要溝通的問題很像一切正值年輕力壯的小狗，說是問題少女也不至於，但真的發生在家裡也夠兩位照護人煩心的了：亂啃咬東西、啃咬東西以後可能吃下去（好怕要送醫開刀）、會吃嗯嗯（但又很愛乾淨怕踩到自己的尿，嘖！矛盾）、聽到家門口有聲音愛吠叫，還有——很愛用狂跳迎接照護人回家！

照護人憂心地說：「之前醫生就有說過她的兩隻後腿比較弱，每次我們回家她就一直狂跳，這樣真的很擔心她的後腳會膝關節易位，幫我們勸勸她好不好？」

「噢噢噢！這個亂跳的事情應該沒辦法喔！」我整個雙手一攤呈現無奈狀。

「咦？為什麼？」照護人疑惑地問。

「因為我們家Q比就是很愛亂跳啊，都跳到我的腰那麼高了（註：我168cm），我從會動物溝通開始，就不斷跟她講『不要跳！』但她都當耳邊風。還理直氣壯跟我說：就是要這樣妳才會知道我有多~~~~開心呀！」

「那、還是先幫我們問問看米米的想法嘛~」

對喔，米米是米米，Q比是Q比啊，也許會有不同的想法，我還是應該先問問看，不該自己先入為主的，畢竟我是做口譯的啊，忠實傳遞彼此想法才是我的工作。

問了米米後，她興奮地回我：「可是我真的好高興喔，我看到他們回家我都爆炸開心的！不這樣做我要怎麼才能讓他們知道我好~~~~開心？」

「那就轉圈圈或是狂搖尾巴，我們就會知道妳很開心了好不好！不用一直跳啊，我們喜歡妳用轉圈圈或搖尾巴的方式，但不要用跳的好不好？」照護人繼續循循善誘著。

「好啦好啦，如果你們不喜歡我跳，那我盡量……」米米看似敷衍的答應。

「我看以後你們回家，如果米米再繼續跳，就直接抱起來好了，這樣他就無法繼續跳了，我都是這樣對Q比的。」

我一副很不把米米的承諾放在心上的樣子，沒辦法，Q比的經驗讓我太不相信狗會承諾「回家不亂跳」這件事情。（對不起我是否表現得很不專業）

沒想到……當天晚上，照護人立刻來信：

「Leslie～我們回到家囉！米米很平靜的迎接我們，沒有很激動的跳來跳去（灑花）感謝妳！」

大．傻．眼！

回顧我家的Q比，她還是狂跳啊！持續跳到半山腰那麼高，而且是每．一．天！

自己的小孩教不聽，別人家的小孩一講就懂，這是什麼？這就是小孩只聽外人的話啊！（捏碎玻璃杯）

果然「外人是個寶、為娘是根草」這個普世價值沒有物種藩籬啊！看來小孩還是怕外面的壞阿姨，為了眾生，我只好繼續戴上地獄來的壞阿姨面具了～（逆風向前）

Chat chat time!

大部分小型犬的後腿關節都比較脆弱，要盡量避免讓他們跳上跳下，如果愛跳沙發，也建議幫他搭一個樓梯，用走的絕對比用跳的好喔。

story 21

你們都不睡房間，我好寂寞

那天有點微雨，不，與其說是微雨不如說是下午的暴雨餘孽未了，剩下一點雨滴答個沒完，雨滴在身上地上樹上，再融化在空氣中，沾黏在髮絲毛細孔指尖，搞得路人各個像條魚，在濕氣甚重的城市間遊蕩。

18：58分，照護人慌忙趕進咖啡廳，帶著微喘，還有一點著急的神情。

距離約定時間19：00差兩分鐘，看來是個律己甚嚴、不喜歡帶給別人麻煩的個性啊，我在內心默默的觀察著。

「欸沒關係妳慢慢來，妳怎麼那麼喘啊？」我試圖用最和緩平靜的語氣招呼著照護人快坐下來。

「剛剛本來想從捷運站走過來，但走到一半發現：完了，預估錯誤、距離太遠了！這樣走下去一定會遲到！所以我就立刻路邊租了Ubike飛車過來。」照護人一口氣不間斷，看來有點焦急的情緒還沒平復下來。

喝口茶，喘口氣，拿出兩張貓咪的照片來，乳牛貓叫喵喵、白底黃斑叫芽芽，我靜坐連線，照護人也藉此喝茶沉澱情緒。

靜坐後，不等照護人發問，我像往常一樣自己先跟貓咪聊，丟出一些生活資訊。

我說：「你們誰要先跟我說話呀？」

「我先我先！我有很多事想講！」喵喵迫不急待搶下麥克風。

「這個家是我先來的，芽芽比我晚來！」

「可以叫芽芽不要一直來煩我嗎？每次都咬到我好痛。」

「我以前有吃過一種三角形的乾乾，那個比現在的那種圓圓扁扁的好吃。」

「照片中我躺的這個位置，左邊是大門口，沙發右手邊有個大窗戶。」

我陸續丟出三、四個我自己跟喵喵聊天得到的資訊給照護人。

這些都與照護人一一確認與現實符合，我才開口問照護人：「想問他們什麼呢？」

「唉呦，不知道是不是長大的關係，他們兩個現在大概都2、3歲，以前都會進房間跟我一起睡的，但現在他們兩個都不進房間了。有時候都在想，該不會討厭我了吧～！」照護人語氣略帶沮喪，我懂我懂，不能跟心愛的寶貝一起睡，真的很揪心呀～

好，我先來問家裡最先來的貓——喵喵。

喵喵說：「喔，我沒有討厭她啦，只是她的房間，以前都不會有味道的，但前一陣子，晚上窗戶都會飄來一股臭味！我實在受不了那個味道，所以晚上就不想進她房間了。」

我忠實傳達後很緊張，因為根據以往經驗，常常動物說聞到什麼怪味，人類都丈二金剛摸不著頭緒，沒辦法，我們的嗅覺神經實在沒辦法跟他們比呀！

「喔～我知道喵喵在說什麼。」照護人即刻一點通的回應讓我很驚訝。

「最近家裡隔壁鄰居，不知是新搬來的還是怎樣，開始會抽菸，已經有一段時間了，以前真的沒有菸味的，唉，這個我也無法解決呀……」照護人顯示為頭痛。

「那換問芽芽，為什麼芽芽現在也不肯跟我一起進房間睡了呢？他以前都跟我一起睡的，但現在都睡客廳沙發，就是這張照片的樣子跟位置，他現在幾乎都睡這，叫都叫不來，害我好難過。」

我原本以為芽芽的答案會跟喵喵一樣：嫌房間臭。

但、沒想到芽芽也有自己的答案。

芽芽說：「因為她的房間晚上都好熱～！我喜歡睡客廳，客廳有風好舒服！」

這下換我很疑惑了，因為我記得剛剛照護人有說自己房間也有窗戶，怎麼只有客廳有風？

把我的疑惑跟照護人說了以後，她立即笑說：「因為晚上我房間的窗簾都會拉起來，當然沒風。客廳的窗戶大部分都是開著，空氣流通，而且、我爸常常晚上忘記關電風扇就去睡覺！」

「唉，看來兩個小傢伙不來跟我睡覺，都有自己堅持的原因啊！」照護人如釋重負的說，原本自己揣測的：是不是因為長大了、是不是討厭我了的理由，都煙消雲散。

「對啊，只是一個嫌臭一個嫌熱，真的都跟妳無關，別想他們是不是討厭妳了，真的一點關係都沒有，從剛剛溝通下來，我覺得他們都很愛妳呀！」我努力安慰照護人。

回去以後，我稍微想了一下這個案子，我想到照護人一開始為了怕遲到、不顧一切換腳踏車趕來赴約。

想來她應該也是那種，如果跟朋友、工作

發生不愉快的事情，一定凡事先反求諸己，詢問自己是否先做錯什麼的溫暖個性。

只是跟動物作伴，就像跟人類作朋友一樣，有時候感到對方好像疏遠了，先別急著怪罪自己、找自己麻煩。

因為可能只是環境不同了，導致相處模式的改變。

畢竟環境改變，動物就會跟著改變。共同相處的人，只是變因之一。

例如換工作，原本職場交的好朋友距離拉遠了，逐漸也失去原本罵老闆的共同話題，有可能見的面少了、一起吃的飯也少了。

距離逐漸拉遠，有時候感情轉淡、有時候不變。

但是一切盡心，便也無愧。

動物如果有了反差的行為，可以先檢視環境是否與先前有差異，感受周遭的噪音是否增多、是否有不同於以往的味道……仔細用自己的感官感受已經麻木的生活環境，也許就會找到解答。

生活樂趣就是霸凌狗室友

如果家裡養超過一隻動物，多少會有些霸凌事件。

通常為了爭寵，有時候是為了爭食物，又或著是舊的動物純粹看不爽新來的動物，對上眼就立刻開打。

一般來說，我覺得只要不是在流血衝突的範圍內，動物如果要打架也就由著他們、睜一隻眼閉一隻眼吧。

因為在動物的世界中，沒有「平等」的概念，他們通常是階級制。打架可以幫助他們確認彼此的階級高低，一旦位階確認出來，激烈衝突的情況也會明顯好轉。（當然，因為分出勝負了嘛）

但是這次要聊的是專職霸凌家中狗的貓咪——阿丁。

家中除了阿丁以外，還有養兩隻狗，馬爾濟斯超人及狐狸犬阿波。

阿丁初來乍到還是隻小幼貓時，超人還對阿丁諸多忍讓。

回想那時，超人說：「因為還是個幼獸，所以盡量還是會照顧他一下。」

「那現在怎麼都不理阿丁了？」

「現在都長這麼大了，該有自己的生活了，而且他現在太粗魯了，不喜歡跟他玩！」

聽到這照護人大笑說：「哈哈哈哈～！阿丁的確很粗魯，夏天的時候電風扇把超人的尾巴毛吹來吹去，阿丁就會整隻衝過去扒他的尾巴。」

沒有超人陪玩的阿丁，轉而把焦點放在家中另一隻狐狸犬阿波身上。

「阿丁真的很愛欺負阿波！而且他最愛在門後或是紙箱裡埋伏阿波，只要阿波經過，就會跳出來打他！」

「有時等得不耐煩還會從門後面探頭看阿波，一副『欸、怎麼還不過來』的樣子。然後阿波就會咿咿嗚嗚的，知道過去會被打，但不過去又不行，樣子真的好可憐喔。」照護人義憤填膺地描述著。

聽到照護人這麼認真指控阿丁，我轉頭問阿丁：「你為什麼都要這樣欺負阿波？」

沒想到阿丁老神在在回答：「因為他是我的玩具啊！」（理直氣壯）

「那你不要這樣欺負阿波好不好？」

「那我以後要幹嘛？」（談判破裂）

看阿波被阿丁這樣欺負，真的很不忍心，所以問問看阿波對阿丁的想法。

「阿丁對我來說，就是生活夥伴。」（帶點無奈的語氣）

「那會不開心嗎？」

「不會不開心，因為阿丁就是生活夥伴嘛！對了，阿丁大便最近臭臭的，要注意哦！」

天啊，是天使嗎？這樣子被欺負還會主動關心阿丁！

我跟照護人說，看來這兩個其實感情比我們想像中還要好，沒想到照護人說她其實不意外，因為，阿丁都會跟阿波聯手犯案，偷零食吃！

「阿丁擅長把桌上的零食弄丟到地上，然後再請阿波去啃爛，之後分贓。」

「你怎麼知道是共同犯案？」

「因為如果是阿丁自己犯案，零食包裝會是一個一個尖銳的小洞，但如果是阿波扯開，就會用『天女散花大爆炸』的型式灑一地。」

「有一次我回家，地上只見肉乾包裝，然後零食在各自的窩找到殘渣（竟然還有剩到底是吃多飽），可見是阿丁把零食丟下去、阿波負責拆開，然後兩隻分贓各自享用。（柯南推眼鏡）」

我：「阿丁是你丟下去的嗎？」

阿丁：「對阿，難道是阿波嗎？把零食扯開這種事情還是要靠他才行。而且那種東西就是很香啊！就是很想啃一下！」

照護人：「你哪有只是啃一下，明明就是千瘡百孔！」

平常愛打打鬧鬧，但是到了緊要關頭（？）阿丁又會跟阿波互助合作分贓零食，這是什麼？這就是兄弟情呀～

Chat chat time!

聽起來個性很惡劣的阿丁，其實有個悲慘的身世。以下節錄自照護人說明：

發現阿丁是 2012 夏天某個強颱夜晚，那天回家時，因為想看看飲料店有沒有開，所以走了平時不會走的路。

卻也因此在嘩啦啦的雨聲中，聽見一聲比一聲大的貓叫聲，因為一直聽到聲音卻不見貓影，我像拍電影一樣把傘丟了，淋著雨到處找他，最後趴著身子、彎著頭往斜斜的鐵板裡面看，和一隻蟑螂面對面之外，也看到了像小可憐一樣的阿丁，瑟縮在鐵板裡面。

打電話急 call 姊姊們來幫忙，終於把他從鐵板裡面帶出來，醫生說他只有 1.5 ～ 2 個月，難怪阿丁對怎麼來到我們家一點印象都沒有。

當時本要送養，卻因為從小養大，發現貓怎麼比狗好養這麼多？最後終究捨不得放手，也加入了家裡動物園，殊不知幾個月後，從當年滿身跳蚤的小可憐，搖身一變成為奸詐的大胖貓，每天以逗狗為樂。

不要冤枉動物亂說話

今天和一隻貓聊天，照護人要我問他：為什麼昨天要大便在鞋子上？

貓：有嗎？有這件事情嗎？

照護人：有啊，你少給我裝傻～！

貓：喔，對啦，有，可是那是因為廁所進不去啊

我：不要亂講話啦，你怎麼可能廁所進不去，難道你的廁所被鎖起來不成？

貓：真的啦，我．真．的．進．不．去．啦！

我：呃……你家貓說因為他進不去廁所……（語氣小聲帶心虛）

照護人：喔，有可能～因為我那時候正在清貓砂……

我：那他有表現出他很想上廁所嗎？

照護人：有喔，他那時一直喵喵叫，我沒想到他是想大便，但竟然這麼憋不住，就給我大在鞋子上了。好啦，我以後會記得喵喵喵喵喵一直叫，就是你想用廁所。

所以，我要罰寫：我以後不會亂質疑動物說的話。

因為他真的沒有亂說話啊～

有時候都會忘了自己只是中間翻譯的媒介角色，畢竟動物與照護人之間私密的生活經驗是我沒有參與到的，就算說出再特別的事情，一講出來，常常照護人就會「兵崩兵崩」的立刻了解了，所以身為動物口譯員的我，真的不該加上自己太多的臆測呀。

還有些狀況是動物對時間的定義和我們不一樣，例如有些狗會說：我「好久」沒有去草地跑跑或是吃肉了，照護人都會大笑說：明明上周／昨天／前兩天才去過或吃過，然後狗狗就會義正嚴詞的跟我說：那就是很久啊！

果然愛因斯坦說的沒錯，期待會讓時間感加長呀！

名字對貓咪的重要性

story 23

要給貓取名字很難，或許確實說得沒錯。不如說，取名字本身就算簡單，但附隨在那名字上的東西，有時卻會變成擁有不可思議重量的事情。

——《村上收音機3：喜歡吃沙拉的獅子》

知名漫畫《航海王》中，有位女角的名字叫做女帝蛇姬漢考克。

個性極其高傲，視天下他人如糞土，但同時高傲的程度也與美貌的程度成正比，所有男人看到她莫不傾心以待的。

有隻美麗的白貓就取名為漢考克，也的確貓如其名，自我感覺，嗯，霹靂良好。

跟漢考克照片一對上眼，她劈頭就跟我說：我是全家最美的貓咪（家裡共有六隻貓），妳看我的尾巴好~~美，然後在我眼前揮舞。

「我的尾巴一定隨時都要在我的視線範圍內，我絕對不允許它亂掛，一定要包住我自己！」（潔身自愛）

「家裡高的地方可以再多一點嗎？我習慣在高高的地方看大家。」（俯視眾生）

「我不跟其他貓咪玩的，我不屑跟他們一起玩！」（遺世獨立）

「啊對了，可以問漢考克一件事嗎？」一旁毫不意外聽著漢考克自戀宣言的貓奴說。

「我懷疑漢考克只給漂亮的人抱，有很多男生抱她她都會打人，但有一次，只有一次，漢考克給一個真~~的~~很帥的男生抱，她竟然乖乖地在他懷裡依偎約15分鐘，而且我還懷疑她有臉紅！」

「那女生呢？」

「女生也只有一個可以被抱，那位女生人很好，一直討好漢考克，相貌也算不錯。」

天啊，漢考克難道妳是美醜殘酷舞台嗎？這樣抱妳豈不是壓力很大，隨時會被噴乾冰出局！（貓奴淚：我也都是被推開的份）

問了漢考克後，她說：「沒有啊，只是這些人，味道都很好，聞起來好舒服喔～」

我與貓奴百思不得其解，後來我們共同解讀出，也許是對所謂「費洛蒙」的著迷？

「這麼說來，漢考克唯一給抱的一男一女的共同特徵，的確都是異性緣很好……」

所以謎底揭曉，漢考克最喜歡、正當盛年，費洛蒙很強的年輕男女抱喔。

「還有一件事情想麻煩漢考克，就是可不可以不要吃飯那麼快，常常吃完都會吐！」

「她『每一次』都是『倒退嚕吐』，邊吐邊後退，一吐完就跳開，很明顯就是怕嘔吐物濺到自己身上！」

問了漢考克以後，她說：「我吃飯就是這個速度啊，而且很多貓聚在一起吃飯，很煩耶，我不喜歡大家靠那麼近一起吃飯。」

「才怪！她找藉口！她一直以來吃飯都這個速度，有沒有別的貓一起都一樣。」照護人嘴上罵著，眉頭卻不自覺地緊鎖。「唉，真的沒辦法改善她吃飯的速度嗎？」

後來再問漢考克，漢考克說：「可以把碗放到跟我的臉一樣高嗎？這樣吃飯頭就不用很低，而且比較不會弄髒胸前的毛，我就不用吃完飯要一～直理毛。」

「所以說到底還是以漂亮為出發點就是了，好啦好啦，碗放高一點是不是？我們再想辦法。」貓奴認命說。

「說到吃飯，漢考克吃完飯都會在家裡以名模走台步氣勢一～～直走，我都想問她這樣走不累嗎？」

漢考克：「這樣才不會胖啊！」（理所當然）（L補充：的確很少數的貓會有胖醜瘦美的觀念，例如後面會聊到的嚕嚕）

「對！Leslie妳知道嘛！漢考克真的超瘦的，從來都沒吃胖過，這孩子到底是有多愛漂亮啊？」

「是想瘦到像Kata Moss嗎？那該不會吃完飯很常吐也是模仿名模的催吐病吧……」

結論是，幫貓取名字真的很重要啊，你看叫漢考克就會養出這樣的貓咪，我都跟貓奴說如果想改變漢考克的個性，下次不如呼喚她美環吧！（莫名的結論）

Chat chat time!

以前看日本漫畫寫到「言靈」，意思是所有語言都有其靈魂。我個人覺得名字就很像「暗示的咒語」，每天叫、就像每天下暗示。我有個男性友人養了隻柴犬，他說：因為他什麼都不會、所以叫廢柴。

結果這隻狗不僅什麼指令都沒學會，亂便溺、亂咬東西更不在話下。我說：一隻狗都叫廢柴了，你還期待他對自己有什麼期許？他現在大概就是那種覺得自己被全世界拋棄、只能自暴自棄的飆仔少年吧！

殘酷卻令人成長的愛

story 24

流鼻血和強壯兩隻貓咪幾乎是幼貓時期就與成年母貓撿到寶一起生活。

撿到寶九個月大時，照護人先撿到強壯，帶回來給撿到寶照顧。

隔了五個月，又帶了一窩幼貓回來給撿到寶照顧，最後，一窩小貓中其他小貓都送到新家了，只留下流鼻血收編。

流鼻血跟強壯不是撿到寶生的，但卻從小就跟撿到寶一起生活，大致上，也可以解讀撿到寶是他們的奶媽吧。

撿到寶是虎斑貓，眼神洩漏出她有一點倔強的個性，精明又充滿生命力。

弟弟流鼻血也是虎班貓，活潑外向、冒險積極富好奇心，對任何人事物都充滿興趣，活力四射。

哥哥強壯則敏感謹慎，全身黃澄澄的毛髮蓬鬆柔軟，帶著點圓臉，有點敦厚的樣子。

強壯是典型的貓咪個性，慢熟膽小，每天都想黏在撿到寶的身邊，形影不離，如果家裡有客人來一定以媲美火箭的速度潛入家中暗處角落，不到客人離場絕不出來。

後來流鼻血因為意外離開，家裡就只剩下人類姊姊、撿到寶還有強壯一起生活。

照護人想問：為什麼撿到寶現在都不喜歡強壯靠近她了？明明以前強壯小時候，撿到寶都還讓強壯賴在她身上。

「撿到寶真的好寵小時候強壯，好寵他好寵他，有次我捉弄撿到寶，把強壯藏在棉被裡，害撿到寶以為強壯不見。撿到寶還遷怒旁邊的狗（家裡還有養狗），半夜打狗打得

唉唉叫。」

「後來我趕緊掀開棉被，給撿到寶看強壯沒有不見，但她還是不解氣一直追打。最後我只好半夜3點帶她去地下停車場散步消氣。」

可是現在完全不是這麼回事。

「撿到寶現在完全不讓強壯靠近，只要強壯想靠近、舔毛、塞乃，撿到寶就會哈氣哈好兇。」照護人語氣感嘆，好像大江東去浪濤盡，昨日種種如黃花落馨的感覺。

我問撿到寶：「欸，妳忘記強壯是妳一手帶大的嗎？幹嘛現在都不理他啊？」

沒想到撿到寶回我：「沒有啦，小孩要長大啊！每天黏著我怎麼可以，強壯太黏我了，什麼都想跟著我。但我想要他獨立勇敢，像流鼻血一樣敢於面對挑戰、活潑接受各種有趣的東西。」

啊，原來是母貓逼小貓離巢的本能是嗎？記得曾看過書上寫，母鳥為了逼小鳥離巢，到了小鳥長大、已能盤據鳥巢一方的後期時，就會減少餵食、甚至不餵食。逼小鳥飛離巢覓食、抵禦天敵。

很有種就此兩袖清風互不相關的意味。

貓咪是狩獵性格的動物，Discovery 頻道也經常播放母獅、母豹教導幼子打獵的情境。

我想著，也許貓咪也有類似逼迫小孩離巢的本能，不過因為撿到寶與強壯還是生活在共同的家庭，撿到寶只好用「拒絕讓小孩撒嬌」來逼小孩獨立。

「反正我就是希望強壯別那麼黏我，要自己多多探索這個世界。」

「而且強壯一直像個小孩就是因為姊姊一直溺愛。」

傳達完撿到寶的想法後，照護人表示一點都不意外，還跟我補充：撿到寶真的對家裡的人很嚴格。

「有時候我哭，她會靜靜的靠在身邊安慰我，但有時候她會很冷眼的看我，好像在說『有什麼好哭的？』」有點委屈的照護人抱怨著。

「噢，這有趣了，為什麼有時候不安慰有時候安慰？」我問撿到寶。

撿到寶說：

「如果是因為自己不說、不反抗而感到委屈的哭，不用安慰。」

「如果不是自己可以控制的原因而哭的話，可以稍微的安慰。」

剛聽到這段話，內心一陣疑惑：動物怎麼會知道，我們的「哭點」？

後來我想著，我都能跟動物溝通了，或許動物也有某種頻率，去理解我們的情緒吧。卻道無情還有情，大概就是描述撿到寶的個性吧。

就像老鷹推小鷹下懸崖，逼他學會飛翔。其實撿到寶一直用她的方式，在關心身邊的人，也許表面是嚴格，但出發點，都是愛。

約半年後，照護人來信。

Dear Leslie

自從去溝通後，我覺得撿到寶對強壯的態度改善了一些些，尤其晚上睡前我抱她上床後，她會一直抬頭等強壯來幫她舔臉，舔完之後才願意睡。

據我對動物行為的了解，貓咪的舔舐行為是上對下，某種程度的，撿到寶有點點認同強壯是「大人」了是吧？呵呵。

而強壯過完年之後感覺也變得勇敢一點點了，現在散步遇到警衛巡邏也很自在了。希望可以越來越進步。

家裡原本感情好的兩隻動物，突然感情變差，我的經驗經常有以下幾種情況：1.其中一隻最近剛結紮。2.母想逼子離巢獨立。3.最近有外敵（別的動物、新的家人）等環境變遷，讓動物把「對新事物的敵意」遷怒到彼此身上。

知道有人愛你

story 25

「知道有人愛你，永遠是件溫暖的事情。」

我很喜歡的美國影集《Friends》（六人行），裡面的女主角 Rachel Green，曾說過一句我很喜愛的話：

It's always nice to hear that somebody loves you.

不管何時、何地，知道有人愛你，永遠都是件好事。

今天我們家去掃墓，回程時，姊姊發現兩隻黑白色系的小土狗，大概兩個月大，在別人家的墓地上鬼叫。

一開始我們以為是餓壞了，所以趕緊把祭祀用的供品打開想給他們吃。

沒想到小鬼頭叫得更厲害，其淒厲慘烈的哭喊，響遍整個山頭。不用動物溝通我都能解讀他正哭破喉嚨叫媽媽來救援。

「應該是覺得我們很可怕吧，這裡應該見鬼不恐怖見人才稀奇。」姊夫開玩笑的這樣說。

再走幾步，又發現了一隻瘦弱的小狗在那兒，嚇到發抖。

「啊，原來有三隻。」

「這裡還有一隻！但好像已經死了……」

我忘記是我哪個姊姊（我有三個姊姊）發現的，一隻很瘦弱的小狗，癱軟在那邊，上面還有些，嗯，蟲。

比起其他三隻，他的體型約只有一半。

「應該是先天弱勢，被媽媽選擇性淘汰的

小狗吧。」

後來我們聽到不遠處有成犬的吠叫聲，再不久看到附近有隻成犬很焦慮地在徘徊。

我們幾個姊妹稍微開了會，結論是：幼犬留在原地，想著這邊是墓地會有許多供品以及專業的打掃人，應該不致挨餓。狠著心沒打撈幾隻幼犬，反而把癱軟在那邊、已經先一步離開的小朋友帶走。

「至少帶他去安樂園，不要在這邊曝屍。」

沒帶走生的，卻帶走死的。我們的選擇，似乎有點奇怪。

然後，走到一半，發現塑膠袋在動、發現塑膠袋有霧氣！

「天啊！他在動！他有呼吸！他沒死！他沒死！」

收起他的時候，身上有著很多大螞蟻正在啃咬，還有一些白色的蟲蠕動（請原諒我不願打出那個字），大自然都以為他被淘汰了，但沒想到，他尚存生息。

火速送到了醫院，失溫，低血糖，耳朵有蛆，上點滴，用吹風機回溫，再清潔耳朵和眼睛。

然後，我們等消息。

「妳今天就po她的訊息上臉書啦，每天更新大家對她有感情，應該會比較好送……」

「是隻母狗耶，還是姊姊妳就留下來養？」

「不知道她會長多大，台灣土狗應該都挺大隻的，我家放得下嗎？」

「先送送看啦，送不出去我再收編。」

「欸大姊，醫藥費讓我全出喔！」

「先救活再說，錢的事情最後談……」

那個時候真的可以感受到對生命的期待，我們編織著對未來的好多想像。

下午接近2點，接到醫院的電話。啊，醫院打來，會有好事情嗎？

眼耳和直腸會陰處都是白色的蟲，連大自然的蟲蟲都以為她走了，經過急救後，還是離開了。

嘿，小朋友，因為妳的鼻子白白的，就讓我們叫妳白鼻心吧。

妳這次選的身體沒有很好用，所以妳的媽媽把奶水給別的兄弟姊妹了，但沒關係，我們愛妳。

溫柔的護士姊姊幫妳把壞壞的蟲蟲都趕走了，妳可以乾乾淨淨地在溫暖的電毯上去做小天使了。

It's always nice to hear that somebody loves you.

妳的媽媽給妳的愛不夠多，不夠讓妳生存下去，沒有關係。

白鼻心，妳還有我們愛妳，最後一點點小路，我們陪妳度過、陪妳一起畢業。

沒有媽媽跟兄弟姊妹，還有愛管閒事的人類阿姨陪妳。

我們愛妳，不怕。

我們愛妳，雖然只是一下下，雖然很短暫。

但我們千真萬確的，有付出紮紮實實的愛給妳吧。

希望妳可以帶著我們的愛跟祝福，跟著菩薩走喔。

下次，選個健康的身體、不要再當流浪狗了。

根據統計，流浪貓狗的壽命平均只有３～５年，通常會因車禍或天敵而提早畢業離開。在路邊如果遇到已經去當小天使的貓狗，建議可以送到就近的動物醫院，請他們幫忙火化處理，些許費用，就能讓動物在生命最後的旅途感受到溫暖與愛。

只屬於動物的活在當下

note 10

很多人都很羡慕動物的活在當下。

覺得動物不會被太多未來的恐懼擔憂限制，不會被太多過去的紛擾而裹足不前。

認為我們都該跟動物學習，活在當下的藝術。

掌握現在。

我覺得這樣的說法，正如世界上所有的事情，有其正面也有其反面。

你有想過為什麼動物如此活在當下嗎？

建議你試試看跟著我以下描述的情境想像自己的處境。

「被綁架了。」

「真希望那個人今天不要打我。」

「今天他讓我出去曬10分鐘的太陽，真好。」

「最近他都拿過期的便當給我吃，真想吃新鮮的青菜。」

「可以不要關在地下室嗎？哪怕有一點陽光也好。」

其實這就是當一隻寵物的心情。

一切只能順其自然，任由命運或人類主宰。

對於所有現況的完全無能為力，當一隻寵物，那感覺就是被綁架，一切端看綁架你的人是寵愛你或虐待你。

這種想像是否很可怕？很陌生？

那是因為你已經習慣控制自己的生命。

你習慣決定明天吃什麼便當、要吃多多青菜或少少排骨，決定明天出門要不要曬太陽還是坐捷運躲避驕陽。

決定自己要跟誰在一起、和誰生孩子、做什麼工作、成為什麼樣的人、過什麼樣的日子。

但如果，想像一下好了，只是想像一下，當你從出生就是被綁架的景況，你很難去規劃未來或回憶過去，因為現在！現在！才是唯一你能感受和掌握的。

但人之所以為人，我們有別於任何寵物或動物，就在於我們有力量改變自己改變未來改變現況，人的心靈力量是很大的。

「Change your thoughts then you change your world.」改變你的想法，你就改變了你的世界。

像動物一樣活在當下是很單純又幸福的選擇，但是當人更幸福更棒的是——我們永遠有扭轉現況的力量。

我想也許我在談的，就是人的自由。

Chat chat time!

活在當下是一件很美好的事情，但是用心規畫明天、掌控自己的人生也是超棒的事情啊！因為我們是人、只有人才有能力這麼做。

即使不再睜開眼睛，你願意動手術嗎？

story 26

許多生病或年邁的伴侶動物都不吃飯，讓人在旁邊好著急。

「真希望你多吃一點，哪怕多兩口也好。」「不吃飯怎麼有抵抗力？病怎麼會好？再吃一口吧！」

這時候我會盡量協助溝通。獲得的答案也千奇百怪。

我碰過貓跟我說：嘴巴好不舒服，吃東西會痛。（結果檢查後發現牙齦潰爛）

我碰過狗跟我說：上廁所好不方便，自己會變好髒，乾脆減少喝水就不會想尿尿。

也有單純就是嫌棄食物難吃而已。

幸運的是，約占八成的比例，在主人調整後，動物的進食意願會大幅改善。

坦克是隻出過車禍、動過幾次骨盆修復手術的貓咪，問他為何食慾不強？

他給我看了像海底雞一樣的白肉，但底下有很多油膩的湯汁感。

坦克：這個好吃，我想每天都吃這個。

照護人：這個是你最近吃過的嗎？

坦克：沒錯。

照護人帶笑的說，他可真識貨，那是一個快50元的罐頭……唉，如果他喜歡吃，沒關係，錢可以再賺，我買！

坦克：還要你用湯匙餵我喔！

照護人：對，他有時候不吃我都會這樣餵他，他要這樣才肯吃嗎？

坦克：對，這樣肉汁才不會沾到我的臉跟前胸，我才不用花力氣洗臉舔毛，我現在很不方便耶~而且要你餵喔，別人餵我不要。

照護人：好好好……我會親自用湯匙餵你。

其實照護人找我，還想詢問另一件事情，就是——坦克對於開刀的意願。

照護人說，坦克是去年四月底上班途中在新北環快上搶救的車禍貓，經過幾次大大小小的骨盆修復手術後，還是沒有修復成功，每日得仰賴軟便劑協助排便。

「坦克的個性稱不上親人，對人類示好的動作也沒有。隱約間透著善意，卻可以明顯感受到他的心情低落……」

我問坦克：「怎麼、你沒有很喜歡照顧你的人類嗎？」

坦克：「還算喜歡他們，只是我不習慣跟人類太親近。」

「那怎麼最近心情都很低落呢？」

「因為身體不舒服啊，我以前、都可以跳到高高的牆上，看人走來走去、想去哪就去哪。現在這些事情都不行了，我好氣。」

「對了，我不喜歡現在的廁所，下面的砂子一碰到我的尿尿就會散開、沾得我滿身，搞得我寧可少吃點東西少喝點水，這樣就能盡量不要去那個討厭的廁所。」

坦克一口氣說了好多對現在生活的抱怨，我想、曾經自由自在的他，對於現在不舒服的身體想必有很多怨言需要一吐為快吧。

「好，這些我都幫你想辦法，但是，如果你的身體要再動一次手術，你願意嗎？」照護人靜靜地、帶點小聲地試探坦克對於自己身體自主權的意見。

「如果手術能讓我恢復到以前那樣，那麼我願意。」坦克幾乎是毫不猶豫的回覆。

「那、如果，手術不順利，你可能就會這樣永遠的睡著了，也可以嗎？」

「若是在手術過程中我就這麼睡著了，也總比現在這樣生活好。」坦克斬釘截鐵的，像是沒有第二個答案。

我有提過嗎？剛開始跟坦克連線的時候，沒有很順利。因為問他話，他總是有一搭沒一句的，直覺告訴我他是一隻很驕傲的貓咪。但我沒想到，面對生命的品質，他也有其無法抹滅、不願屈服的倔氣。

半年後，照護人來信：

坦克他現在非常好，雖然依舊無法摸到他，但至少他肯坐在外頭看我們工作、活動。

Chat chat time!

詢問動物對於開刀的意願，大部分動物都是不願意的。不管是年紀輕的動物結紮、或是年紀大的動物因為病痛需要開刀，他們都像小孩一樣，對於要看醫生、動刀，都感到恐懼，答案大多都是否定的。身為照護人的我們就像父母，還是要扛下為他們做決定的責任。

story 27

亂尿尿，竟然是因為誤信邪教

跟毛孩子一起生活，最讓人痛苦的就是亂便溺的問題。

亂便溺除了惡臭，光是洗棉被洗床單的地獄苦果就有得你好受了。

撇開像一些公狗公貓克制不住撒尿做記號佔地盤的原始本能，亂便溺通常都帶有情緒性問題。

生氣照護人出門、生氣照護人太晚回家、生氣照護人一連幾晚不回家，都有可能是動物耍脾氣亂便溺的原因。

這次要聊的 Emma 也是這樣。

Emma 有個壞習慣，那就是只要媽媽出門，就會亂尿尿。

「你們家是木頭地板嗎？深色的，我看到她尿在深色木頭上。」我說。

「我們家是大理石地板，但 Emma 都會尿在桌上，桌子是木頭的，妳看到的畫面沒有錯。」照護人這麼和我確認。

啊，只要媽媽出門就會亂尿尿嗎？應該是想表達生氣的情緒吧。我這麼猜想。

結果 Emma 回答：「我覺得只要我不尿在廁所裡，媽媽就會比較早回來。」

？？？？？

再次跟 Emma 確認，她的意思是：尿在外面＝媽媽就會提早回來清理。

「而且我就偏要尿在明顯的地方，媽媽才會注意到。」Emma 還補槍說明。

說實在的，這種原因，我想任憑照護人看多少寵物書籍都不會知道的啊，有時可能還是得靠動物溝通才能知道其真實動機。

照護人驚訝地說：「經妳這麼一說，的確常常我回家擦Emma的尿，都是一小攤，不像是『真心』的尿尿，而且有時候尿還甚至是溫的。天啊，Leslie可以麻煩妳跟她說，她誤會很大，媽媽回家時間跟她尿尿在哪裡真的一點關係都沒有！」

我嚐試跟Emma傳遞這個想法，但發現她無動於衷。

「我覺得這部分有點難靠溝通傳遞，信仰這種事情很難說服，因為搞不好真的有幾次她尿尿了、妳就回來了，所以很難扭轉她的印象。」面對談判無動於衷的Emma，我有點喪氣的這麼說。

「天啊，我的貓誤入屎尿邪教了，怎麼辦～」（白花油按太陽穴）

「我建議以後回家，如果又看到亂尿尿，就先把Emma隔離，別讓她看到妳在清理尿尿，然後用最快的速度清理好後再放她出來，放出來後也別罵她，一切冷處理。我覺得現在最重要的，就是把妳回家跟她亂尿尿這兩件事情的關連降到最低。」

既然是邪教的問題，我直接想到的就是從破除信仰開始。

貓咪跟人類一樣，都是經驗法則的動物，連續幾次讓Emma發現主人回家跟自己尿尿一點關係都沒有，打破之前她對亂尿尿＝媽媽就回家的認知，應該邪教也就自動瓦解了吧！我打著這樣的如意算盤。

「唉，好吧，也只能這麼做了，還好另一隻貓Dino不會學她，如果Dino也加入邪教

我怎麼辦……」（顯示為憂心的母親）

某天下午茶和朋友聊到這個個案，朋友笑說：難道不能請媽媽就乾脆徹夜不歸嗎？就跟 Emma 拚了啊，看是妳尿得多還是我回家得晚，讓她知道一點關聯都沒有！

我：「這好像也是一招，但一來我怕媽媽回家要面臨屎尿地獄，而且 Emma 搞不好還會演變成『原來我要尿這樣多媽媽才會回家』的誤會。」

Emma 啊 Emma，快從邪教中醒悟吧～妳的媽媽憂心啊～（左手背拍右手心）

持續冷處理一個月後，Emma 馬麻來信。

Dear Leslie

Emma 似乎脫離屎尿邪教了！冷處理屎尿問題果然奏效！

每天回家看到的都是她開心的模樣，滿足他們所有的願望。也發現 Dino 愛吃生雞肉像我愛吃生魚片一般，謝謝妳的幫助，祝福妳～興盛繁榮！

動物亂便溺，通常我都建議冷處理，但是如果尿對地方給予連續的獎賞。

以前我還不會動物溝通時，有一陣子加班每天都很晚回家，那時候Q比就養成愛在門口亂大小便的壞習慣。我的對策是一回家看到大小便就先把Q比放廁所隔離，不讓她看見我在清理大小便，然後迅速放出來。（越快放出來越好，免得她以為亂大小便＝主人會回來處罰我＝主人早回家）

放出來後也冷處理，但如果我看到她在尿布上尿尿，就會狂給零食鼓勵。持續約半個月後，Q比的亂大小便症頭也不藥而癒了。

story 28

練習笑著告別

那是個風和日麗的下午，依稀記得我穿著微薄的針織衫，所以天氣應該帶有涼意，照護人帶著有點沉重的步伐來找我。

很快地她點了卡布奇諾，這家咖啡館的咖啡是極好的，馥郁濃厚。

我點了桂香白茶，一點清新的氣息，綿延口中回滲著甘甜。

照護人拿出了厚厚一大疊，關於一隻黃金小女生Erin的照片。

照片中她或笑或臥，笑著的神情、像是全世界的陽光都濃縮在這張照片中。

我挑了幾張照片，靜心開始連線。

但、和Erin一開始的溝通並不順利。

說她喜歡黃色的球，照護人說沒印象有這個玩具。

說她喜歡去草地奔跑，照護人說從來沒有過。

但是其他生活資訊又是對的，搞得我連自己也拿捏不到方向。

後來我請照護人用一些快問快答來確認連線後，我們才開始溝通。

照護人：小rin妳以前會上下樓梯嗎？

Erin：我會上個幾階，然後媽咪會在後面推我的屁股慢慢上來，但是下樓梯我很怕，不喜歡。

照護人：小rin妳喜不喜歡媽咪抱妳啊？

Erin：我不喜歡，感覺怕怕。

Erin：我喜歡吃雞肉，就是肉，還喜歡吃麵包跟蘋果！

照護人：對！我常給她吃肉乾，有時候會剁新鮮的雞肉給她吃，麵包是為了給她餵藥刻意買的，蘋果則是我們家很常吃的水果！

Erin：還有一整碗像是粥那樣黏黏的東西，我不喜歡吃。

照護人：那是我煮給她們吃的鮮食……（晴天霹靂）

一切連線都確認後，我們才開始問答。

做往生動物的溝通，一切都要仔細仔細再仔細，因為我總是希望所有的細節都要與生前現實生活狀況相符，我們才能信任接下來的問與答。

照護人問我的第一個問題是，Erin離開了嗎？

我看著照片卻沒有獲得回應。

沒有回應。

我試著閉上眼睛，感受現場情境，卻看到一隻身材嬌小的黃金，躺在照護人腳邊，我試著敘述Erin躺的姿勢還有位置給照護人聽，照護人連連點頭，我才放心說出：「妳知道嗎？她沒有離開，她到現在都在妳的身邊，用前腳抓著妳的手，要妳別哭。」

照護人淚崩，我也泛淚。

但理智面的我還是不願接受這個事實，因此我問Erin：請妳傳給我最近看到的、家中的情景。

我看到照護人在廚房煮食物給毛孩子們吃，我畫出廚房的樣子，但我卻對冰箱的位置感到詫異。

「我不確定冰箱是在這邊還是這邊（畫），因為我看到兩台冰箱。」

照護人：「沒有錯！我們家自從 Erin 離開後，換了一台新冰箱，但舊的一直沒心思處理，所以我們家的確異於常人的……放了兩台冰箱……」

我問起 Erin 為什麼不離開，她說她擔心媽媽。「媽媽不願意接受我已經離開的事情，她表面上處理了我所有的事情，但其實她心底不願接受，我想安慰她。」

那天與照護人聊了很多，我說，放下兩個字，說起來這麼輕、做起來如千斤。

不要求現在，但我希望，可以先從想起 Erin 時，不要想起最後那段在醫院的時光，轉念想 Erin 開心的樣子，只要開始轉念，氣場就會改變。

「當妳發現妳想起 Erin 會自然的發笑了，那就是妳好好地與她告別的時候。」

離開的時候近傍晚，天氣比剛剛更涼，但心卻是暖的。

一種、感到愛的溫暖。

我記得我和照護人邊走邊聊，還到附近的港式餐館吃頓飽飯。

肚子填飽了、心靈放鬆了，一起走回家的路途上，我注意到我與照護人的步伐都逐漸輕盈。「這樣真好。」我心裡想著。

好好吃飯、回去好好睡，放不下的事情，明天才有力氣好好地、輕輕地、慢慢地放下。

後記：

關於那顆黃色的球，照護人回去翻找照片時才看到，是 Erin 很愛的「鴨」玩具，只是照護人當下不記得。

曾經去的河濱草地，也是 Erin 離世後，照護人曾帶著骨灰到河濱公園過。

good-BYE !

我現在幾乎不做往生動物的溝通了，因為我現階段覺得面對伴侶動物的離開，也許該做的是好好沉澱自己的情緒、重新適應沒有他的生活。就像交往 10 年的摯愛離開，也許該做的是祝福他，而不是殷勤去電詢問近況。

story 29

啃啃咬咬，羽毛都掉光啦！

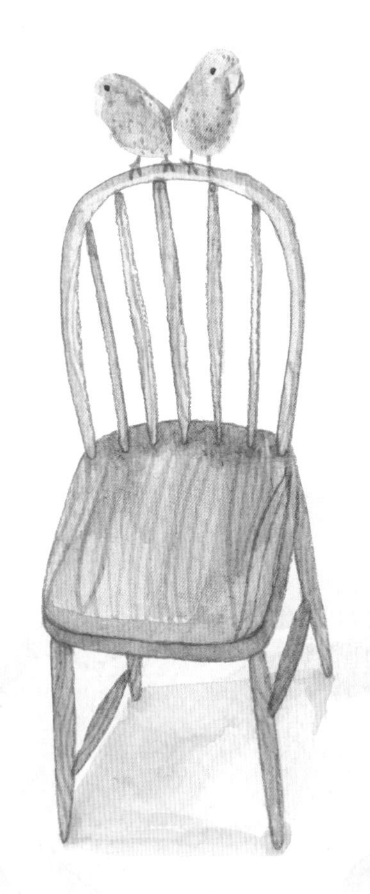

鳩鳩跟關關是兩隻好美的藍太平洋鸚鵡，但照護人寫信給我的時候，非常鉅細靡遺地敘述他們家的鳩鳩會不斷啃咬自己的毛。

Leslie 您好

我有兩隻小型鸚鵡，半年來一直咬毛，看了三次醫生無效，閱讀好幾本鸚鵡飼養書也無效，買一堆玩具也無效。

現在兩隻都已經咬得像烤雞了。（大哭）

網路搜尋後想預約您的動物溝通，試試看能不能直接問他為什麼要咬，因為醫生說這種比較像是被嚇到後產生的沒安全感行為，但我想不到他們是被什麼嚇到啊啊！

拜託妳，醫生一直警告我沒羽毛的鳥會很容易生病，所以牠們現在都被我禁止去陽台吹風，每天無精打采的在家裡。

我記得那天，我們約在咖啡廳碰面，甫坐下，照護人就拿出羽毛都已被拔得光禿禿的鸚鵡照片。

第一次見到鳥兒豐美的羽毛都被拔下的畫面，如果不是照護人事先說明，我會以為這兩隻鳥過著嚴重被霸凌的日子。

第一次見到，原來羽毛的根部，像是一個小洞。如果勉強形容，有點像是粉刺擠出後，肌膚表面留下的小洞。

關關的狀況還行，身體羽毛尚稱完好，除了頭部以外，都還可看到豐潤漂亮的鮮豔色澤，勻稱的腹部，讓我想起梁實秋的鳥：增一分則太肥、減一分則太瘦，曰穠纖合度。

只是關關的頭部，已被鳩鳩修理得差不多了，而鳩鳩，則是「嘴巴可觸及範圍」都已了無殘毛。

帶著點憂心跟疑惑，我發問：「這樣子啃咬自己的羽毛，鳥不會痛嗎？」

照護人皺著眉頭說明：「我詢問過醫生，鳩鳩這樣理毛，有點類似一直狂梳自己的頭髮，不會痛，如果會痛至少還會住嘴吧。（嘆）但就是感覺精神狀況很不佳，讓我很擔心。」

「你第一次這樣啃咬自己的羽毛，是什麼時候、什麼原因呢？」我試圖放低放柔聲音詢問鳩鳩，因為他看起來雙眼圓瞪，好緊張的樣子。

「我在陽台玩，有一隻好大的鳥撲過來！追殺我！我好害怕地躲起來。」

「但現在不啃羽毛，變成沒事情做了，好無聊！」

我把看到的陽台畫出來，確認格局無誤，但我跟照護人卻都感到很不解：「因為都市哪來的大鳥？」

「至多也就是些斑鳩麻雀之類的小鳥吧。」我內心嘀咕。

問另一隻鳥關關，關關卻說沒有印象有這回事。

「我們常去陽台玩呀，但有時候會有比我們大的鳥來吃我們的食物，不過他們沒有要殺我們呀。」關關冷靜地提供證詞。

雙方兩造證詞，經歷一樣的生活，卻有不同的證詞與說法。

努力再詢問鳩鳩更多的細節，也只得到：「有大鳥想要殺我、我好怕！」的跳針式回應。

仔細咀嚼、思考後，照護人回想：「鳩鳩平常就很膽小，甚麼事情都容易讓他緊張，一定是因為嚇到不行，把斑鳩巨大化，人家只是來想要來分享點鳥食，他卻說要殺了他。」

先把動機釐清了，下一步，我試圖詢問鳩鳩：現在、以後都不會有大鳥會攻擊你了，可不可以不要再啄自己呢？

「我覺得現在好無聊，不理自己羽毛不知道要幹嘛。」

「我曾經看過有個箱子，有好多洞，可以給我那個讓我鑽來鑽去嗎？」（看起來有點像蜂巢）

「我曾經吃過一個多角形的東西，啄它就會掉出好多黃色的小碎屑，好好吃，可以給我這個嗎？」（看起來有點像玉米梗）

這下換我頭痛了，因為我從沒養過鳥，所以鳩鳩丟出的畫面，我只能靠我拙劣的繪畫技巧，把他傳送給我的東西畫出來，並努力形容大小、光影跟玩耍互動的方式。

但即使是這樣，我與照護人也像是雞同鴨講，花了好多時間釐清鳩鳩到底形容的是什麼「鳥玩意」？

後來答案揭曉，可以鑽來鑽去的洞，是一種特殊的木造鳥巢，可以讓鳥兒享受鑽進躲出的樂趣。

多角型、可以掉出很多黃色碎屑的東西，

是一種穗條，可以讓鳥啄著吃。

「只要有這些就可以不啄自己嗎？好啊好啊！我立刻去買回來！」

後來聽說照護人一次買了八根稻穗條。

我也給了照護人一些能幫助動物平靜安穩的建議，例如在家時動作盡量別焦躁大聲、出門前可以放愛樂電台的音樂（莫札特尤佳），這些都能幫助安撫動物情緒。

隔半個月後，去信詢問。聽說，鳩鳩已經可以不咬關關的毛了（雖然還是會啃咬自己），但我想，從把室友理成禿頭到只拔理自己，才半個月，對鳩鳩來說已經是很大的進步了！（用力鼓掌拍拍手）

動物會因為緊繃或是壓力而舔毛或啃咬自己羽毛，貓、狗、鳥都會，定期補充玩具還有更新玩具種類，給他們的生活找點事情做，可以比較降低啃咬自己的機率。

不願看鏡頭

note 11

很多照護人都想問：為什麼我家毛孩子不愛看鏡頭？

溝通後大部分動物都說：因為那個東西對著我，讓我很不舒服！

更進一步還會補充，常常那個奇怪的東西，還會越靠我越近（可能照護人想近距離取鏡），唉呦，真的很不舒服耶！

不管怎麼溝通、怎麼引問答題，動物都只給得出三個字——不舒服。

我想了很久，想到以前曾在 Discovery 看過的理論。

你一定有過「欸，好像有人在看我……？」的經驗。

轉頭過去確認，有時有人、有時沒有。

其實「被注視」是動物求生機制中很重要的一個本能第六感。

因為被「專注且長時間地注視」，通常代表大事不妙，你很可能成為天敵的大餐。

想像母獅打獵進攻前，是不是都匍匐在草地上，專心地盯著獵物看？

所以被注視，對動物來說，通常代表不安與恐懼，這是很自然的本能連結反映。

很多人都會問我說，為什麼我家的動物看到鏡頭就要躲開？我想原因應該是這個。（我自己的推論，因為每次溝通結果都只有一個答案就是——不舒服～～哪裡不舒服又講不出來）

我想對於還保有本能的貓狗，鏡頭可能是一百倍強度的集中注視。

至於一些可以面對鏡頭的貓狗，我的推測是：

1. 這個本能跟人類一樣退化了。（笑）

2. 經驗告訴他鏡頭不會帶來威脅，所以他可以選擇忽視不安感，漸漸習慣鏡頭。

實在有些動物拍不了照片，我都跟照護人開玩笑：不然下次你就拿幾片樹枝樹葉遮蓋自己，在家中比照野鳥協會拍照的規格待遇，包准你拍到完美照片！

想要讓動物面對鏡頭，最有效的方式就是拿零食在鏡頭上方晃啊晃，包準有用！

story 30

爸爸的懷抱，全世界最棒的地方

有了小孩以後，父母也很常跟彼此吃小孩的醋。

欸怎麼女兒看到你回家都纏著要抱？看到我就結屎面？

怎麼兒子出去，比較聽你的話，我叫就沉浸在自己的世界玩耍不理我？

通常兒子黏媽媽，女兒纏著爸爸撒嬌。

該說這是異性相吸的動物本能嗎？

都說女兒是爸爸前世的情人，那我想今天聊的這隻貓森妹，也是爸爸前世的情人，然後今生還投胎來當貓小三。（誤）

森妹是隻漂亮的虎斑波斯，毛色由深淺的咖啡色揉合，陽光下，漂亮的長毛會隱隱飄逸並帶著亮麗的光澤度。

從照片中就可以看得出來，是隻在充滿愛的環境下生活的漂亮貓咪。

「我想要問森妹比較喜歡我還是我老公？」坐在我對面的照護人，從神情看來沒有一點猶豫或是期待，似乎內心已經有了底。

我看到好多纏綿緋側的畫面。

別誤會了，不是對座這位照護人跟她的德籍老公的，是德籍老公與虎斑波斯森妹。

森妹被爸爸抱在懷裡，一隻貓掌還抵著胸膛，森妹用充滿愛的眼神向上望著爸爸。

森妹與爸爸一起側躺在床上，燈光昏黃，臉對著臉，爸爸輕輕慢慢地揉撫森妹，並細細小聲的呢喃。

森妹臥坐在爸爸的大腿上，尾巴輕輕地搖擺著，一晃一晃的，享受著爸爸的體溫與二人世界。

我再寫下去會覺得自己像在寫言情小說，但是真的不誇張，一與森妹提到爸爸，盡是丟出一些濃情相對、擁抱、撫摸。

像是世界如果只剩下一個人，如果這世界即將要毀滅，但是、但是、但是，只要跟著爸爸，都沒有關係。

敘述完畢後，沒想到照護人略感不平的問：「那我呢？森妹很愛很愛我老公我是不意外啦，但是畫面裡面，都沒有我的存在嗎？」

我回頭問了問森妹，她還是一股勁的訴說她有多愛爸爸。

逼得我只好說：「呃，妳也很重要啦，她也愛妳。妳知道，在一部愛情戲裡，女配角也很重要……」

確定了森妹心中的最重要的人，我們轉往一些生活問答。

討厭吃罐頭，因為：「覺得所有的罐頭食物都有一種怪味，人類都不覺得嗎？」

照護人立刻笑說：「我們又沒吃過當然不覺得，而且其他愛吃的貓咪也不覺得啊。」

但我推測可能是金屬的味道讓挑嘴的森妹有意見，所以建議照護人改煮鮮食給她。

嫌棄家裡吵，因為：「家裡那兩個小男生老是在哭鬧尖叫，真的很想找個安靜黑暗的角落躲起來。」

「唉，沒辦法，我也覺得吵呀，家裡有兩個10歲以下的小男孩，當然吵。妳有比較喜歡哥哥還是弟弟嗎？」照護人進一步追問。

「一個對我比較溫柔，會抱著我用臉磨蹭我，這個喜歡。」

「另一個很煩，我都已經會打他，叫他不要再鬧我、不想跟他玩了，但他還是一直一直來，很煩耶！」

「不過算了，這兩個在我生活中不是那麼重要啦，還可以忍耐。」

森妹好像抱怨累了，自顧自的說。

喜歡窗台邊看鳥，「可以常把窗戶開著嗎？」森妹要求。

「那妳，對生活還有什麼要求嗎？」照護人聲音放柔，像是森妹就在眼前一般輕聲詢問，那溫和寵愛的語氣，彷彿森妹是她的另一個女兒。

「請爸爸一直抱著我，要橫抱在他胸前，讓我的一隻手可以搭著他的胸，我想要這樣睡覺，一定很舒服，請他不要把我放下來。」

鉅細靡遺敘述姿勢後，森妹就沒說話了。

「天啊，看來我在妳跟我老公的愛情戲中，真的一點戲份都沒有耶！」照護人笑著說。

「如果你們家所有的人做金字塔排列，妳、妳老公和妳兩個兒子，我想妳老公是森妹心中的塔尖，一切之上。」我下了註解。

想跟家中的伴侶動物拉近距離，我最常推薦的作法就是「敵不動、我不動」。

不強迫動物靠近，讓他自己來親近你，常打賞零食、或是由你來負責三餐餵食，用食物討好動物，效果就跟拿零食討好小孩的道理是一樣的。

story 31

想要我們一直在一起，不分開

「你們最近有搬家或是熊妹有換地方住嗎？」一如往常，我畫出家的樣子、與照護人確認連線前，先提出這個問題。

因為我發現，最近剛搬家、或是換過很多地方住的動物，對於給出家裡格局多少會有誤差。

不誇張，我就曾碰過一隻黑色長毛臘腸狗把新家和舊家，對半拆開合在一起給我看。

所以，如果動物常常換地方住、或是剛搬家，我通常就不畫家中格局了，改用問其他生活細節來確認連線有沒有成功。

「的確是有搬家，不過熊妹搬到這個家也一年多了。」照護人思考回溯記憶。

「那我問問看熊妹，等一下畫給妳看，可是如果畫錯跟現實不符，妳就……當沒看到好了。」（尷尬笑）

我很沒安全感地這樣先給照護人打預防針。

還好照護人也貼心的答應。

畫出來了，是幾乎百分百的正確。

「熊妹給妳看的地方是我家客廳，她平常最愛趴在電視前面這塊空地，Leslie，應該是有連線成功喔！」照護人表情興奮。

「其實熊妹是我去年才接手照顧的，但是她來我們家後有一天，竟然自己千里迢迢跑回之前的家，那真的很遠，我都快嚇死了。」

「我想問熊妹……是不是很喜歡以前的家？想回以前照顧他的人、也就是我前男友那邊生活？」照護人語帶尷尬地說出想問熊妹的問題，因為，嗯，現任男友就坐在旁邊。

照片中的熊妹有著像小精靈般尖尖的耳朵，左耳朵有點垂、右耳高高立起，眼睛渾圓、毛色金黃，是個看面相就知道一定很聰明、很撒嬌的米克斯犬。

「那個時候，我覺得這不是我家、我為什麼要住在這裡？所以一心一意很想跑回自己的家。」熊妹就事論事的回答。

沒想到語落，照護人的眼淚也跟著落下。

「怎麼了怎麼了，妳怎麼哭了啦？妳不要哭啦，妳哭我也會跟著哭。」我自己都聽到自己語氣中的著急，深怕是自己哪裡做錯了惹得人家大哭。

「不是不是，我只是很心疼熊妹，然後心裡也有點難過，因為她真的沒把這裡當自己家……」照護人邊說邊擦眼淚。

「應該也不是吧，我想熊妹指的是那時候，因為我們是問她『那時候』為什麼要跑回以前的家啊。而且這也不代表熊妹討厭這個家，有點類似小朋友去阿嬤家住，即使很愛阿嬤很喜歡阿嬤家，但終究就不是自己家、會想回去自己家啊。」

「而且，我剛剛問熊妹：『妳家長什麼樣子？』熊妹不是立刻傳了妳家客廳給我看嗎？這就代表她已經認同現在住的地方是她家了呀！」我急忙地力圖從客觀、中立的立場安撫照護人的心情。

「妳覺得現在住的這裡是妳家嗎？妳喜歡現在的家和照顧妳的人嗎？」我乾脆直接問熊妹。

「喜歡啊！我好喜歡現在的家，而且現在的家，都比較有人陪我。以前的家，比較沒有這麼多人總是陪在我旁邊。」熊妹一派樂天回答，渾然不知我們這邊已經開始上演瓊瑤戲。

「熊妹以前幾乎都是在夜市生活，的確沒有像我們家這樣，把她當家人這樣哄著她陪著她。」照護人解釋。

「那為什麼每次我離開房間，妳都好緊張、硬要跟，妳腿又不舒服不能下樓梯。我每次都已經跟妳說我等一下就立刻回來房間，妳都還是不聽！硬要跟！」

「因為妳有時候出去就好久好久才回來，根本就沒有馬上！我很少在家裡看到妳，只要看到妳我就好高興，沒看到妳我就好緊張，我想要妳在家時我都可以在妳旁邊！」熊妹語氣緊張，像是照護人一離開房間門就永不回頭這樣。

「妳有時候沒有馬上回房間喔？」我笑說。

「因為有時候可能是出門或著是去 7-11 一下，我沒想到熊妹不安全感這麼重。」照護人解釋。

「那為什麼每次要回台北前，我跟妳說完掰掰，妳就會背對大門不看我，但我一出門又會馬上趴到窗戶看我？」照護人老家在宜蘭，其實一個月只有幾天會回老家陪熊妹，大部分時間還是在台北工作生活的。

「因為看妳出門我好難過，我寧可不看……但是妳一出門、我又好想再多看妳一下，因為要好久看不到妳了……」熊妹幾乎是毫不遲疑地回答。

轉達完，照護人眼神又泛淚光，我的鼻子，

也覺得忽然被檸檬攻擊，好酸。

經過這次深聊，我感覺，伴侶動物對我們的愛，真的好深、好長。

當我正真心祈禱熊妹的照護人也能這麼用心對待她時，我收到了這封信：

Dear Leslie

很謝謝妳，解答很多我對熊妹的疑問。

我跟前男友交往12年，分開時，我什麼也沒要（連求婚戒指我都沒帶走），我只說了一句：「小熊我要養。」

她是我們修機車的店裡養的狗狗生的，帶走她是因為第一眼看到她時，她在馬桶旁邊睡覺。當時我覺得她怎麼那麼可愛，就認養了她。

陪她跑步、帶她兜風，貪吃的她有天居然刁了一塊老鼠藥回家啃，我記得那天是我第一次讓狗狗喝牛奶催吐，幸好沒事。（笑）

今晚聽她回答很多事，謝謝她從不認為這是她的家，到現在的認同，我覺得很貼心。（不虧我每個月花大錢在這小姐身上）

我很愛熊妹，雖然不知道她還能活多久，但只要她在的一天，我們就該創造更多回憶才行。

希望妳改天來宜蘭見見熊妹本尊，我相信她會很樂意跟妳約會的。：）

看完照護人的來信，我想起《禮記・禮運大同篇》說：願幼有所長、壯有所用、老有所終。而我，我願天下所有伴侶動物，都能陪伴在他們最愛的人身邊，有所長、有所愛、有所終。

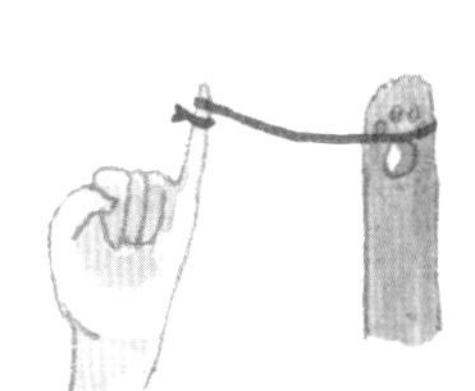

我不確定大家每天下班回家後，離睡前的空暇時間有多少？3 小時？4 小時？扣掉滑 iPad、看韓劇、玩線上遊戲，分給伴侶動物的時間又有多少呢？

我們的一天被非常多的事務分神，伴侶動物只是其中一小區塊。但我們，我們卻是伴侶動物的全世界。

曾有人說狗狗很聰明，你換衣服、他就知道你要出門。那其實是因為，他們的全副心神、全心全力，都放在觀察我們身上。

有空，多陪陪身邊的伴侶動物吧！不為別的，只為他們生命如此短暫，而我們有幸互相陪伴、更該珍惜。

我最近發現，人在面對動物的時候，常常會複刻自己父母的教育方式。

於是也會衝口說出，父母最常責罵自己的話或複製教訓的方式。

當然你也會發現身邊許多情侶或夫妻，用毛孩子作為未來為人父母的預習課。

然後，在來尋求動物溝通的過程中，我常發現，大家都會希望動物成為「自己想要的樣子」。

想要他聽話、不翻垃圾桶、不舔地上食物、不抓沙發、不要亂叫。

我收過的諮詢要求包括：

請貓不要害怕剪指甲。

請狗不要聞一聞地上後就舔。

請狗不要聽到門外有聲音就叫。

請我們家貓像別的貓一樣愛撒嬌。

請我們家狗警戒心不要那麼強，像別的狗一樣開朗親人。

請我們家狗不要那麼膽小，聽到打雷就發抖。

我不確定是不是因為動物本來相對人類就弱勢，或是我們習慣操控動物（坐下、握手就是基本的操控指令），所以我們會想去改變動物的天性，好讓他們更適應我們的生活方式。

大家還是常常會把溝通當成是操控動物的手段，而不是單純的傾聽。

這種感覺有點像，怎麼說，父母美其名問你最近忙什麼？未來有什麼規劃？聽起來像是傾聽你的意見，但其實是想在聊天的過程中參與意見、左右你的未來。

當然，大部分的溝通都是為了讓彼此生活更順利調整，但有些時候，你不得不承認，我們都有一個心中的模範毛孩子，希望自己的毛孩子能去圓滿那個輪廓。

就像有很多父母只想要兒女成為他期望的樣子，那你希望你的父母這樣對你嗎？又或者，你自己也是背負著這樣的包袱成長？

不如試著思考：這是我希望我父母對待我的方式，我想要這樣來對待毛孩子。

照顧毛孩子的時候，內觀自己與父母的關係，或者是琢磨出未來自己與孩子的相處之道，我覺得也是另一種瞭解毛孩子的角度。

因為照顧毛孩子，本來就是生活中愛的付出練習。

Chat chat time!

可能是偏見，我常覺得願意學習照顧動物、瞭解動物需求的人，通常在待人處事上也比較柔軟一些。我覺得關鍵在於他學會傾聽，跟願意學習瞭解另一方的需求跟困難。這其實是很寶貴的資產，也是毛孩子們教我們最重要的一課。

貓咪，也會想減肥！

story 32

美短嚕嚕，特性是與人對到眼就「呼嚕嚕嚕嚕嚕嚕」，叫了會來、來了就不走，為什麼不走？因為要摸摸啊！

跟嚕嚕的對話中，充滿了對於「摸摸」的怨念。

「我覺得摸不夠～～」

「人類可以摸我再用心一點嗎，每次摸到後面都好敷衍……」

「看到我就是要摸我呀～～～～」

「摸下巴還有前胸那邊最舒服了。」

「既然你這麼愛摸摸，跟我說你對爸爸的看法好不好？」

語落，照護人遞手機給我，看來是她老公。

嚕嚕一看到爸爸的影像就呼嚕呼嚕好大聲！

我：天啊，他愛妳老公愛到不行耶！

照護人嘴裡有著剛嚼下去的餅乾，無法話語，但狂點頭。

嚕嚕：「他會摟我在懷裡，一直摸我好舒服，我會呼嚕呼嚕很大聲，但是他都會在我正享受的時候突然就把我放下，讓我有種『現在什麼狀況』的感覺，而且其他貓都在看我～（註：家中還有四隻貓）讓我好尷尬喔，我只好舔手洗臉來掩飾尷尬。」

「以後把我放下前可以先說一聲嗎？不然突然放下我感覺很差，還會被其他貓笑耶。」

嚕嚕語氣加強的抱怨。

照護人：「他爸真的會這樣，但沒辦法啊，因為嚕嚕太黏人了，每次都要摸到天荒地老。每次他被放下後洗臉我都以為他是因為毛亂了在整理，沒想到是在掩飾尷尬！嚕嚕啊，沒想到你是隻內心戲這麼細膩的貓！」

好了啦，知道你愛摸摸，可是你媽媽帶你來找我，最主要是想知道你為什麼最近忽然變瘦耶。

「他最近無端變瘦，我有點緊張，可以幫我問問是不是身體哪裡不舒服？」照護人有點憂心地這樣說。

嚕嚕：「我覺得他這樣好帥！像我現在都重重的，沒有像他那樣很瘦瘦的感覺，走路也不輕盈，我好想像他一樣！」（同時show給我看一隻很俊瘦瀟灑的大橘貓）

這時候我心中一愣，因為據我所知，這位照護人家中養的貓咪，全部都是黑白色系的，哪來的鬼橘貓啊？

心虛的我直接問嚕嚕：「你不要給我亂傳畫面，我知道你家的貓都是走黑白色系的，哪來的橘貓啊？你不要害我講錯話很尷尬！」

嚕嚕：「真的有啦！真的！」

看嚕嚕一付篤定的樣子，我也只能照實講了。

「嚕嚕說有一隻很瘦的大橘貓，他說他好帥、想要跟他一樣……」（小心翼翼又帶點莫名心虛地小聲）

「大橘貓？我家沒有橘貓啊……啊！那是我常在餵的一隻浪貓，是不是長這樣？」（翻手機給我看）

「對！就是他！」（尖叫）

畫面中的貓咪削瘦，但卻又精實，眉宇間還透著英氣感，整個是走英姿颯爽路線的大帥橘貓。

「我是用這隻貓當電腦桌布，常常出門電腦也沒關，所以貓咪都會看到，天啊！所以他都有看到，還記在心裡嗎？」

「我也不知道……（驚恐），這是我第一次碰到動物會看電視跟電腦，我本來還以為是不是你有跟他一起看過 Discovery 什麼的，有看過獵豹，沒想到真的有橘貓！」

於是我跟照護人開始聯手催眠嚕嚕：「你這樣就最可愛了，不用減肥就超可愛了。大橘貓有大橘貓的帥，可是你是最可愛的呀～～～！」

至於有沒有用？聽說，嚕嚕，最近已經逐漸恢復原來的噸位了～（灑花）

動物無端消瘦，可以先看看是不是最近換了飼料食慾出了狀況，再加上觀察糞便情形，以 3 ～ 5 天為基準，如果沒有好轉，建議求診醫生尋求專業諮詢喔。

最好的時光

story 33

曾經看過一篇論文，花了好大的篇幅跟研究數字，證明貓咪只有約莫10天的短期記憶。但阿麥的故事卻完全不是這樣告訴我的。

帶著阿麥照片來的溝通人有四個，其中兩位照顧了他10年，之後轉給另外兩位朋友照顧，至今7年。

剛開始跟阿麥的連線不是很順利，問了些生活起居的問題都沒有反應。讓我開始苦惱，看來是隻不隨便開口的驕傲貓咪啊，該怎麼引起他與我說話的興趣呢？

觀察照片，看到阿麥的右耳缺一角。

我問：「他是被結紮過的流浪貓？」

女主人回答：「不是，這是以前他和其他貓咪打架受傷來的。」

啊，看來是個驍勇善戰的貓咪是嗎？好，就以這為開頭話題跟他聊吧。

畫面開始湧入。

金黃陽光的下午，阿麥在牆頭英姿颯爽地與虎斑貓打架。

「我可是也打得他滿臉血！」阿麥驕傲地和我說。

聊到這，照顧阿麥前10年的主人開始發話：以前家裡住在山上，家附近都是阿麥的活動範圍，他每天都要上班，巡邏家周走田水。阿麥戰績顯赫，帶過蜥蜴、雛鳥、蟑螂甚至小小蛇回來「貼補家用」。

「家附近公貓多非麥大爺對手，幾次對方結伴來挑釁，他站在牆頭低嚎著以一敵眾，私毫不遜色。」前主人這樣驕傲地回憶著阿麥。

但這些都不是現在的阿麥。

現在的阿麥17歲了，因為慢性腎臟病，每天要打兩次針，還要吃藥。

進出幾次醫院，體力衰弱了、也消瘦不少，現在照顧他的主人為了安全考量也不讓出門了，阿麥自己出門逞兇鬥狠的意願也降低了。

人間從來不許英雄見白頭，用在一匹年邁的公貓身上竟也如此殘忍。

沒關係，我的責任就是幫助溝通讓阿麥現在生活更好，阿麥現在喜歡家中哪個角落？家裡還能做什麼讓他待得更舒服？

我看到木桌、布沙發、落地窗。

一個風光四溢的家，通透的風搭配綠意窗景彷彿連風的顏色都是綠的，我看到阿麥窩在一個上好的木質大長桌上打盹。

「那是我們的家。」飼養阿麥10年的前主人語音顫抖的說。

我畫出了看到的桌椅窗戶位置，簡單的平面格局圖，筆甫落，前主人淚亦彈滾落下。

「這是我們的家，那木桌是吃飯兼工作的大木桌，陽光會從桌那邊落地窗進來，阿麥有時騎在沙發背有時躺在桌上……」

「阿麥不喜歡現在的家嗎？那麼，需要我們送他回之前的家嗎？他會比較快樂嗎？」現在照顧阿麥也已7年的主人有點傷心地問。

沒想到阿麥說：「也不需要，動來動去的多麻煩，現在這邊也很好，只是常常我睡覺時有點吵而已。」（白天外面有施工）

有比較想跟誰生活在一起嗎？阿麥回答：

「跟誰在一起都是愉快的，但我身體不舒服，別移我了。」

後來我才了解，最喜歡家裡的哪個角落？這個問題對阿麥來說，任何環境都已不是這隻年邁公貓最重視的事情。他緬懷的是那無限美好的往日風光。

那段氣盛的年輕歲月、那段一貓單挑群貓的何等威風。

而這正是居住在7年前那個風光無限的家時的全盛時期。

昔日的小霸王，變成今天一天要打兩次針、吃藥的身體，阿麥的雙眼瞳孔從盛凌銳氣削弱到微帶慍色與憤怒。

你很難想像，一隻17歲的貓咪，他的回憶與精神，儼然就是古代眼睜睜看著帝國與身體逐漸衰敗的君王，他無奈且憤怒，他懷念過往、他眷戀盛氣。

溝通結束後，阿麥傳給我的畫面始終在我心中迴盪不去。

「一隻貓心中最好的時光，就這樣刻印在我心中，一派意氣風發、神采飛揚。」

已有年歲的動物，通常都不建議再移動，因為環境變遷對動物通常會造成很大的壓力緊張。所以即使出遠門旅行，我還是偏向建議請朋友或家人來家裡照顧動物，而不是去寵物旅館。

世界上最貼心的貓

story 34

曾經看過一則笑話是這樣說的：

天天餵狗吃飯，狗會覺得：天啊，這個人對我這麼好，他一定是神。

天天餵貓吃飯，貓會覺得：天啊，這個人對我這麼好，我一定是神。

本位主義思考，是大多數人對貓的刻板印象。

其實我也不是沒跟這種本位思考的貓聊過。印象最深刻是有一次，照護人央求貓咪給他剃腳毛，腳掌縫間長出的毛茸茸，總讓貓咪在家像滑花式溜冰，久了也怕關節出問題。

照護人：幫你剃腳毛好嗎？

貓：為什麼？

照護人：因為你走地板會滑。

貓：那為什麼是跟我的腳有關？要動我的腳？應該是地板的錯吧！你應該換地板才對！

照護人：…………Leslie，他太會頂嘴了，我不知道怎麼回他了怎麼辦！

不過我現在要聊的貓咪，波士，卻是完全相反，是最最最貼心的貓咪。

照護人因為要結婚了，遂問波士願不願意一起搬去新家。

波士說：「新家是什麼？那是哪裡？」

我請照護人給我一個新家的照片給波士看。

波士：「這裡我知道啊！還不錯！但是去這裡住，會有現在家裡那個很吵的小孩嗎？還有，妳會跟我一起住在這裡嗎？」

照護人：「1.不會 2.會。唉呦，想不到你

這麼阿莎力！那之前幹嘛去新家就一直吵著要回家？你很奇怪耶！」

波士：「因為那時候我覺得那邊很吵啊！誰想待在那麼吵的地方阿，但如果是跟妳一起住在那邊，我可以。」

照護人：「想想也是，你去的時候剛好那時候家裡有客人也有客狗。」

「那~，士，你還有什麼話要跟媽媽說嗎？」照護人眼神發亮、語帶興奮。

沒想到直接被波士客訴太晚回家。

「早一點回來，我每天都一直盯著門看，想說這女的怎麼回事！這麼晚了還不回來！妳每次很晚回來我都很想揍妳！還有，要一直陪著我喔！一直一直陪著我喔。」

聽到這裡，我看到照護人眼眶逐漸濡濕，拿出面紙，壓了下眼睛。

「這麼愛我，那你能不能答應我不要跑出去？」照護人打蛇隨棍上。

「我幹嘛要跑出去？」波士不解的問。

「你以前都會跑出去啊，你到底都去哪了？」

「我去找我朋友啊！」（還理直氣壯）

「你有朋友？你哪來的朋友啊？」

「我當然有朋友啊！」

眼見雞同鴨講，我中斷對話，自行問波士：

「你說的朋友，長什麼樣子呢？」

然後我看到一隻虎斑貓的模樣，就是那種彪悍的街貓樣。

「他跟我說他朋友是咖啡色的虎斑貓。」我補充說明。

「以前是有一隻超像黑道老大的咖啡虎斑

會來我家外面吃飯！原來波士你真的是混黑道！怎麼誤入歧途啊你這孩子……」照護人一臉驚訝。

「但是現在沒看到他了，不知道去哪了，我就懶得出去了……」波士一副現在對出門意興闌珊的樣子。

「哇，你還囂張啊，好啦，不出門最好，不然我都會好擔心你。」照護人嘴裡打打鬧鬧，但說到底心裡還是緊張波士的。

波士的貼心，一直到後來第二次溝通，我才真的體會到他對媽媽的愛有多深。

那時候波士狀況不大好，看過幾次醫生，醫生甚至直斷：可能就是這幾天了。

照護人來找我，想知道波士的心聲、還有想法。

那天滂沱大雨，台北的雨像是要淹沒這城市般的狂瀉，搭配著戶外如雷般的雨聲，我跟照護人開啟了寂靜、卻沉重的對談。

「我這幾天都請假在家陪他，很怕錯過任何時刻。」與上次見面的情境截然不同，語氣、聲調，一併轉暗，整個咖啡廳燈火通明，但我卻覺得不知是誰，把我們這桌，調得特別晦暗。

我問了問波士的狀況，沒想到他回我：「我覺得自己沒有那麼糟啊，我應該只是身體重重的，一直好想睡覺而已吧。」

「我真的覺得自己沒有那麼糟啊。」波士不斷重複。

照護人聲音逐漸明亮：「真的嗎？真的沒

有嗎？還是之前那個醫生誤判了呢？那，最近我都在家裡陪你，你開心嗎？」

波士：「其實我一直都在睡覺，一直覺得好累。我喜歡那個白白軟軟的地方，你們都會把我抱到這裡，然後在旁邊陪我。」

照護人：「那是沙發，我都會抱他到沙發，這樣才能陪在他身邊。」

波士：「一直睡覺，常常很怕一睡，就不會醒了。但是只要醒來，就能看到妳在身邊，心裡就會覺得，還好、還好妳還在，還好妳還在這裡、我還在妳身邊。」

我們沉默了一段時間，因為我也感覺到淚水似乎要不聽使喚奪眶而出。

後來隔幾天，我聽說波士很安詳的在媽媽懷中離開了，最後的一刻，在親愛的媽媽懷中。

我想到波士一開始努力打起精神跟我說：覺得自己沒那麼嚴重。

但卻又不小心暴露自己很害怕隨時要離開媽媽的心情。

應該是在安慰媽媽吧，我想。

即使到了快要分開的時刻，還是這麼、這麼的愛著媽媽、為媽媽著想。

照護人後來來信跟我說，那天溝通，其實是想透過我，好好跟波士說再見的。但波士一直嘴硬說自己其實沒那麼糟，離別的話，自然也就骨鯁在喉。但是我想，到了最後的時刻，愛不需要言語，它如光如水，自會流動。

因為即使到了最後的時刻，貼心的波士，仍展現了不可思議的奇蹟。信中是這樣寫的：

Dear Leslie
波士要走的的前一天，竟然會跟我們全家人說話。
大家問他問題他就回答，我還說要就搖尾巴、不要就不要搖。
於是，波士還真的用搖尾巴來回應耶！他真的是好聰明的貓咪。
最後，我還問他那你要不要來當我的小孩？從肚子生出來的那種小孩？
但、要記得把肩上的愛心標記帶下來喔，不然我不知道是你。
沒想到波士竟然說好耶！而且是搖尾巴加眨眼加喵喵叫的強烈說好。

謝謝妳讓我跟波士在最後的時刻能跟彼此對話。

願妳一切都好。

「我想問妳一件尷尬的事……妳做動物溝通的時候，會不會……看到不該看的事情？」

朋友啜著熱茶這樣問我。

這倒是讓我想了一陣子。

作動物溝通以來，的確有些時候會看到一些頗居家的畫面。

狗抱怨家裡最近很熱時，一起給我看女主人穿薄紗蕾絲睡衣的樣子

照護人抱怨狗每天早上都會鬼叫，她都要從樓中樓的樓梯下樓來安撫狗。狗就給我看女主人穿寬鬆及膝大T恤、睡眼惺忪從樓梯走下來的樣子。

照護人問我狗最喜歡誰、和誰在一起？狗就給我看男主人上半身沒穿衣服抱著他坐在客廳沙發看電視的樣子。

當然有時候溝通時順便看到的家中格局或是家中擺飾的畫面，不在話下、那是隱私沒錯。

所以我通常不大願意與沒有經過照護人同意的動物溝通，因為說到底了，我可能會窺見很隱私、不欲人知的畫面，在沒有經過照護人同意以前，我自己覺得擅自進行動物溝通，有點，嗯，小沒禮貌。

但最讓我尷尬的是有一次，一對年輕情侶來找我，想問我狗最喜歡誰？

來找我的年輕情侶自稱爸爸媽媽，狗對他們充滿愛意自是不在話下。

但狗又另外給我看一個畫面是這個男生帶

另一個年輕長髮女生回家的畫面。

「這個女生對我也很好、我也很喜歡。」

我端詳坐在我對面那位喝著熱拿鐵的女子，跟畫面中的女子似乎不相符。

「哎呀，我是不是看到什麼不該看的……」

我內心這樣猶豫著。

當然那個女生也很有可能只是男生的妹妹或是親人之類的，但是為了避免捅開馬蜂窩或造成不必要的誤會我會很罪過，所以我只回答，沒有、狗狗最喜歡的就是你們。如果還有想問特定某人的話、再拿照片給我看囉！

不管如何，這不一定是個需要被獲知的訊息，我也應該要保護對方有不知道的權利，一個不小心，在下可能會鑄下集九州之鐵也無法挽回的錯啊。（揮冷汗）

問動物最喜歡誰，有時候提爸爸阿嬤等人名他們其實不一定清楚，因為家庭成員爸爸媽媽姊姊弟弟的稱謂是人類社會的規範，動物不會知道。給我看照片用圖像傳遞會最準確，他們通常看到臉就會告訴我對這個人的想法感受了。

愛如光影流動

「人性裡面有很大一部份，是渴望付出愛的。付出愛讓我們喜悅與平和，付出愛讓我們感到滿足。」

有時候甚至不需要回報，僅只是付出愛的本身，就已盈滿快樂。

我覺得有點像是準備禮物送給情人，細心想著對方的喜好與生活習慣，挑選一份完美的禮物包裝給對方，這中間過程就已讓人嘴角上揚。

愛是一份禮物，不需收到回禮，也能讓人心滿意足。

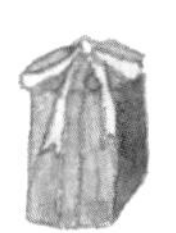

而有了伴侶動物，伴侶動物通常又會給我們，嗯，怎麼說呢？十倍奉還！

他們總是不吝於給我們滿滿滿滿的愛，每天剛進門，不管是出門上班8小時、或是倒垃圾15分鐘，只要進家門，他們歡迎我們回家的樣子，永遠都像分離了10年終於相聚。

我永遠都記得與賓狗相會的那個下午，是十一月，秋高氣爽，空氣中帶有涼意，卻又有點草香，是個不用帶外套、只要一條薄圍巾就能調整寒意的舒服天氣。

一到賓狗家，就看到賓狗和另一隻拉不拉多犬娃娃最常生活的主要空間，一片大空地。

偏矮的米色沙發靠牆、另一端沒有電視，看來平常男女主人最常做的休閒娛樂，就是與兩隻狗狗玩耍。

地上散落著幾個斑爛枕墊，空地的盡頭是一片落地窗，灑著大量的陽光進來，空間充滿了光影。而落地窗旁邊放著兩個巨型枕墊，

枕墊已經略微扁平、被壓出明顯的圓弧形。

很明顯二犬平常的興趣就是躺在這兒看窗外曬太陽睡大覺。

二犬看到女主人回家，開心的上前迎接，尾巴搖晃的速度，感覺再快一點應該就可以像直昇機一樣起飛了吧。（笑）

「我想要去草原，你們很久沒帶我去了。」連上線後，賓狗悠悠地說。

照護人驚訝的點頭：「是啊！是啊！我們很久沒去河濱公園了，沒問題，媽媽一定帶你去。」

照護人：「寶貝，你知道自己生病了嗎？」

賓狗：「知道，但是不知道生什麼病，只覺得身體好重。」

賓狗又忽然主動提起：有天媽媽蹲下來抱我，眼淚滴在我的頭上。我想跟媽媽說，很抱歉我生病了，讓她這麼辛苦難過。

照護人聲音一陣緊縮，說道：「在台大動物醫院確診的那天，醫生跟我宣布賓狗狀況後，我蹲下來抱著他，眼淚簌簌滴在他頭上。」

「賓狗寶貝，媽媽照顧你一點都不辛苦。未來，如果你真的很不舒服，我能怎麼幫你？」照護人持續問著，空氣中瀰漫著一點焦慮混合著憂心。

賓狗說：「我希望能努力到最後，不過，因為，我也不知道那時候會怎麼樣，所以，可不可以等近一點的時候再說？」

照護人無聲點點頭。

賓狗緊接著提起自己的生活伙伴——娃娃。

「娃娃對我很好，都有陪伴我，但我有點擔心以後萬一我離開，娃娃的狀況。」

對此，一直靜靜趴在旁邊的娃娃主動發話了：「我都有陪著賓狗，而且現在出門散步都會等賓狗，問哥哥：你還好嗎？跟得上嗎？」

「對啊，自從賓狗生病後，妹妹每一次散步走到一半，都必定回頭去確認走得比較慢的哥哥是否有跟上來。最近，娃娃更是都寸步不離的看著哥哥，只要一轉眼看不到哥哥影子，娃娃就完全不走，一直到確認哥哥的身影出現為止，娃娃這個妹妹真的很貼心。」照護人細心描述日常生活，實際觀察的狀況。

「如果以後哥哥賓狗不在了，會不會希望爸爸媽媽再幫妳找弟弟妹妹？還是希望自己一個人呢？」我轉頭問一直靜靜地趴在旁邊，像守護著賓狗的娃娃。

「如果家裡有了新的狗狗，萬一處不好，怕媽媽會難過，所以我想，我還是自己一個人好了。」娃娃小聲地、慢慢地說道。

「娃娃從小就不太能跟其他狗狗相處，哥哥賓狗是唯一的例外，我想，我能理解她的回答。」照護人手順著摸娃娃的毛髮，搭配窗外灑進的陽光，我想這個下午真的很美麗。

後來，賓狗跟我們聊了許多日常生活他想要的照顧。（所謂開放許願池）

每天早上那個黃黃的東西可以再多來一點！（應該是去皮蘋果）

那個咖啡色、厚厚、大塊的東西很好吃也

可以多一些。（該不會是牛排吧！）

還有、不喜歡包尿布，緊緊的很不舒服。

這點，照護人柔聲說明：因為賓狗吃類固醇會多渴多尿，怕他半夜經常會因為憋不住而漏尿，所以現在是先用人類用尿布包大人頂著先。

「現在知道他會不舒服了，晚上我再上網訂購一些日本進口老帥狗專用的大型犬尿褲和尿片，讓他舒服些。」照護人邊說邊撫摸著賓狗。

最後，兩個小朋友似乎累了，傳送過來的畫面跟話語有一搭沒一搭，我想著兩位狗狗都有年歲了，動物溝通畢竟耗精神，他們體力都不大好，是時候讓他們休息了。

沒想到、經過告別的寒暄，我都提起包包要邁出大門了，臨走前，賓狗像是想起什麼，忽然要我轉達：

「如果，給我什麼、我都不想吃了，那我想，就是時候了。」

「我喜歡曬太陽，喜歡媽媽躺在地上抱著我。以後、不想被放在家裡。」

「希望可以被放在院子曬得到陽光的樹下。」

「還有，最後一次長長的覺，希望是在家裡睡。」賓狗說完以後，就閉上眼睛不理我睡他的大頭覺。

「我親愛的兒子，這些當然、全都沒有問題。」照護人溫柔說道。

「人性裡面有很大一部份，是渴望付出愛的。

付出愛讓我們喜悅與平和，付出愛讓我們感到滿足。」

回程的路上，我不斷想著這兩句話。

後來照護人寫BLOG記錄，一天早上，賓狗突然不願意吃飯了。到了晚上，呼吸聲漸轉濃重，也許分開的時刻就要來臨。照護人在賓狗耳邊輕聲說：兒子，如果很累，你不用擔心我們，你就好好的休息喔！謝謝你陪伴媽媽這麼多年，帶給我好多好多快樂美好的回憶。

我知道，賓狗最後，是在最親愛的媽媽懷中安詳畢業的。

吉本芭娜娜曾說：生物壽終而死，不一定是悲劇。那是自然的事情，回憶永遠溫暖心頭。在這趟人生中能遇到牠，絕對比沒有遇到牠好。

這篇文章僅獻給賓狗，謝謝你帶我認識，人與動物之間動容的情誼。

我永遠都會記得那個美好的、與你相遇的下午。

note 14

催眠出乖孩子的萬用金句

剛養Q比的時後她1歲，很怕生，很喜歡往暗處躲，沙發底下床底下櫃子底下都是她的好所在。剛養時常發病，一天到晚往黑黑暗暗的地方鑽，嚴重起來的話，妳拖她出來她還會咬你。

那時我們全家沒有人沒被咬見血。

這種不安全感跟個性上的恐懼，說實話實在讓人很束手無策，已經有了新的家呀、大家都很疼妳愛妳，但Q比仍然活在自己營造的恐懼中，每天都好緊張、好害怕。

那時後我還不會動物溝通，但我曾在某本書看過：「說到底，所有的不快樂與痛苦，都來自於你想要獲得愛與認同。」

我想著，動物也是吧！應該是覺得不被愛、沒有人站在自己這一邊，所以被深厚的不安全感拖著，進而將憤怒熱力四射，攻擊身邊的每個人。

所以我從那時起，就每天跟Q比說：「Q比最棒，妳是全世界最棒的狗狗，大家都愛妳、我最愛妳。」

如此早中晚服用三次，有時睡前更是跳針講四五次。

轉眼養Q比4年了，前陣子我爸爸跟我聊天，說Q比個性變好多。

「以前愛往椅子下躲，現在不會了，累了就回自己的窩躺著，以前愛往奇怪的地方鑽，現在也不會了。叫她就會出來，那些陰陽怪氣的行為都沒了，她長大了！」

啊，應該是萬用金句真的有效吧。我自己

內心這樣想。

每天都有人誇你是最棒的、知道有人愛你，是真的很棒的事情啊！

我覺得每天講萬用金句，尤其睡前跟睡醒時講，對小動物來說，應該多少會起到催眠的作用吧。

而且對人來說也很好，你可以從這個開始練習開口表達愛。

有時候動物溝通時，遇到躁動的動物，我這樣講也可以很快安撫他們的情緒，這句話真的真的很有用。

你家裡如果也有不安或躁動的伴侶動物，我建議可以照著做喔，親身經歷，有奇效。

Chat chat time!

分享萬用金句給照護人後，獲得很多對於「萬用金句」的實用迴響。

包含原本媽媽上班後單獨留在房間會哭倒長城的貓咪（已經 5 年了！），在每天跟他說：媽媽好愛你、你好乖喔、媽媽去上班你自己要乖乖哦之類的話，現在出門後安靜無聲。

或著是兔子阿麥每次搭火車回家都很緊張，這時候照護人用溫柔的聲音跟他滴滴咕咕說你真是全世界最棒的小朋友之類的，狀況就會好很多。

又或者是每次在家玩耍不把人咬到流血絕不鬆口的貓咪，有次照護人陪了一整天，跟他說這樣不行、大家都愛你怎麼可以讓人痛痛之類的話，貓咪的性格也有逐漸轉變。

超好用萬用金句，不用嗎？（笑）

換位思考

note 15

常常要比喻要體諒對方時，會說要「穿別人的鞋」。可是你知道嗎，再怎麼穿別人的鞋，還是自己的腳。

我的意思是，即使我們再怎麼想要「站在對方立場為對方著想」，但是我們至多能考量到的情緒體諒，通常還是會以自己的個性為出發。

雖然以自己的個性、成長背景，去思考別人行為的動機還是有出入，但這是同理心最最最基本的練習喔。

我常常生氣憤怒的時候，會努力想要變成對方，通常這樣、氣很快會消。

同理心是解決憤怒最快的捷徑，因為能夠認同別人的痛苦大於自己的，感受自己的痛苦與對方相比，似乎也就沒那麼嚴重。

進而體諒、進而原諒。

舉個很小的生活例子好了。

有一次接到銀行打來的電話，約莫就是要我辦小額貸款之類的，我說：沒關係～我不需要喔～謝謝你！非常好言好氣的這樣。

結果對方立刻掛斷，立．刻！

我心裡百轉千迴，一方面能體諒他做的是辛苦工作、每天被人拒絕想必心情不會太美麗，畢竟也知道我沒有要給他做case的打算，繼續跟我聊難道要跟我博感情嘛？

但一瞬間當然還是想噴罵：到底憑什麼這樣干擾別人的生活打擾別人的心情？

我好好過我自己的生活，會扶老人過街、讓座給孕婦、說話誠實童叟無欺，非常無愧天地的這樣卻要平白給人掛電話，感覺真的很差啊。

但我後來旋即想著，她被掛電話的次數應該是我的千百倍吧，我被掛一次電話就已怒成這樣（其實是自己修養差，還差到不諱言在書裡面寫出來），那她做這個工作應該要承受的辛苦與負面情緒，是我的千百倍吧。

然後就放下憤怒了。

是個很小的生活例子，但我覺得當生活很常被這種突如其來的小憤怒攻擊時，正是練習同理心的小功課時機。

溝通的第一步永遠是先站在對方的立場思考，因為你不可能跟狗說喵、跟貓說汪。

自顧自的用自己的語言、嘗試要對方了解，那就像兩個人都站在巨大的防彈玻璃牆兩端對吼，依稀有模糊朦朧的聲音，卻無法傳到震央。

那要怎麼做到溝通？不管是人與人或人與動物，我都會說：「想像變成對方。」

我滿鼓勵躺著和伴侶動物玩的。

因為這樣你可以看到他的視角，進而換位思考。

「體諒對方」永遠是溝通協調的第一步。

當你躺下，你會發現人看起來像101那麼大，難怪陌生人伸手下來會有壓迫感。

當你躺下，你會發現原來水碗那麼髒，難怪你家貓不愛喝水。

當你躺下，你會發現原來家具看起來都那麼大，門那麼沉重，難怪一點聲響你們家狗就嚇得要死忙著鬼叫。

然後開始試著思考動物的動線是否合理。

從這邊去上廁所方便嗎？吃飯會不會很卡？廁所是不是很難進去或是進去一定會踩到自己的排泄物？

換位思考後，也許有些問題行為的解答就出來了。

曾有照護人問我：為什麼我們家狗那麼愛亂舔？

我說你試著幻想自己雙手都不能用。

人體驗新東西的順序是：看看↓摸摸↓聞聞，最後一步才是放進嘴裡。

但當狗沒有雙手輔助體驗，視覺又不如我們敏銳。

聞聞後舔一下，是再正常不過的選擇。

不同的物種要一起生活一定會有互相適應的地方，試著躺下和他們一起玩耍，會有新發現的。：）

Chat chat time!

其實凡事都是這樣的，盡量站在對方立場思考，很多疑惑（或憤怒），都會有了解答。但躺在地上跟動物玩這招，坦白說，如果你家養的是個性激烈的猛犬（如藏獒），我個人就不是很推薦這種方式。（躺在地上感覺咽喉很危險）

特別收錄

我有問題！
毛小孩 vs. 人類爸媽 vs. 動物溝通師，
最常被問到的問題！

INDEX

狗 Dog

Q 為什麼聽到門外有動靜就要吠叫?

A 因為這是我的地盤啊!我要讓大家知道這裡是我在罩的!

通常狗狗都有較強的地域性，只要聽到鄰居回來或是門外有聲音都很愛吠叫，這點到了夜深人靜時，敏感度更會提升五成，一點風吹草動都會叫到驚天動地。為什麼我可以描述得這麼詳細，因為Q比就是這種小狗啊!(搥牆)因為是動物本身的天性還有個性關係，所以也很難靠溝通改善，但動物跟人一樣，是環境改變、個性就會改變的習性。

Solution /

後來我看了許多書，研發出以下兩種作法，發現Q比的吠叫問題有大幅改善，提供給你們參考!

1. 籠內訓練

別誤會了，我不是要你把狗關在籠子裡。你先試著幻想一下，如果你養的是小型犬，那他基本上是你的10分之1大小，也就是說，你給他的家庭活動範圍空間，對他來說，是你習慣的空間要放大 10倍。

換句話說，你試著想像你自己很小，生活在身邊的人跟家具都像101大樓般高大，而且大概像小巨蛋那麼大！平常疼愛你、保護你的爸爸媽媽都不在了，你只能自己保護自己！那是不是一點風吹草動，你都會覺得好像是敵人要入侵呢？我想這也就是為什麼大多數的小型犬都比較敏感神經質的原因。

所以你要給他限定範圍，一個適當大小、有足夠空間活動奔跑，又有一個適合自己的小窩可以躲藏、帶來安全感的範圍。

這樣的空間能夠帶給狗安全感，他不但會覺得：在這邊就會很安全，而且也可以縮短他控管的地盤大小，不用「整個家」攬牢牢，自然吠叫問題也會減少。

適當的活動空間，以小型犬來說，應該是一個2至3坪的空間，裡面有食物、飲水、玩具以及對外窗戶。

以及最重要的：有屋頂的、對狗來說略微狹小的窩。

露天的窩對狗來說反而缺乏安全感，因為無法遮蔽，最好是有蓋，造型像是帳棚或山洞的為佳。

在裡面放些零食以及照護人的衣物，甚至吃飯也可以在裡面吃，以及最重要的——如果狗狗做錯事，被大家責罵，但他一旦躲進那個空間，就再也不要責罵他也不要把他拖出來。

要讓狗狗覺得那個帳棚窩，是全世界最安全最安心的所在。

我養Q比4年了，直到現在，我出門還是會把她放回我房間，不會讓她在全家趴趴走，因為這對小型狗來說，真的不是自由，是恐慌。

就算後來有時我爸爸想讓Q比出來跑跑跑，把門打開，她玩累了、或因窗外打雷感到害怕，都會自己躲回房間睡覺休息。

對她來說，那不是籠子，是最安心、安全感的來源所在。

2. 不按電鈴

許多狗聽到電鈴聲音就會起美送（台語發音），所以我建議如有朋友來訪，可用LINE或電話聯絡，不會因電鈴響而釋放給狗狗：「警告！有陌生人將入侵」的警訊，並且「由你自己下樓迎接客人、帶著客人進門」，這樣做的好處是，狗會知道：客人是你帶進門的、是你允許進來的。

相較你與狗狗一起在屋內、客人由外面進來，那種地盤被侵犯的感受會大幅降低，狗狗的敵意會減少至少九成。

當然如果你能夠準備許多肉乾零食，在客人一進門時就請客人瘋狂大放送，也可以建立狗狗對陌生人的親切感，他的敏感警戒心久而久之也自然會下降。畢竟，當有客人來就代表有零食把費，哪隻狗狗不歡迎呢？

Q 出門的時候，可以不要暴衝嗎？

A 可是我聞了這邊就很怕忽略那邊、我想要全部的地方都顧到！

狗狗一出門就像進了大觀園，所有的東西都是全新的體驗！尤其狗的觸覺（腳掌肉墊）、嗅覺都比我們敏感百倍。這麼說吧，他每一次出門，都像你上月球般新奇！全新的重力感受！全新的宇宙風景！

Solution／

該怎麼改善？我想你每天都去月球早晚各一小時，去膩了應該也就沒興趣這麼暴衝了吧！（笑）經常帶狗狗出去散步，降低外界對他的刺激感與敏感度，暴衝行為自然會改善。

Q 為什麼要亂尿尿？

A1

我以前在陽台尿尿都有東西吃，但現在沒有，既然沒差、那我想去我想尿的地方尿！

許多照護人在完成定點大小便訓練以後，就忽略持續獎賞這個環節。可是道理就像你以前考第一名，爸媽都會像中樂透般的開心跟鼓勵你、還發零用錢。但現在你考第一名他們像沒看到，久了、你應該也沒什麼動力考第一名了吧。

Solution／

狗狗跟人一樣，都需要獎賞鼓勵的正向刺激，來持續某件動作。我養Q比4年了，一直到現在的每一天，我看到她在尿布上尿尿，都還會鼓勵她、給她零食！

A2

我不知道哪裡是可以尿尿的地方。

這通常發生在剛飼養的照護動物身上，因為已經習慣聞到喜歡中意的地方就大方給他上下去。想像你從小就生活在荒野，只要找到樹叢、就能上廁所，現在突然到了不同的地方，你應該也會找類似的樹叢就上吧。

一切都是習慣的問題。

Solution／

如果有找到溝通師，可以直接溝通傳達想要上廁所的地點，再輔佐獎勵制度，習慣很快就可以建立起來。

沒有預約到溝通師也沒關係，訓練期間每天調鬧鐘約凌晨5點起床，務必確認自己比狗狗還早起，狗狗剛起床時是最想尿尿的，確保他早晨第一泡尿時，你能在旁邊獎勵。

起床後帶狗到你想要他上廁所的地點，然後等他尿尿後立即像中樂透般誇張獎勵他（零食可連續給4～5個，加強刺激度）。

並且，晚上下班回家陪狗狗玩的時候，觀察他有沒有開始聞地板？狗狗開始聞四周地板就代表他想尿尿了，請趕緊帶他到定點。

最後，狗狗如果亂尿尿，請不要責罰他，一切冷處理，當沒看到。

因為懲罰他可能會讓他誤會你覺得他尿尿是一件錯誤的事情。以後亂尿、偷尿尿的情況會更嚴重。

我曾碰過狗一整天都不敢尿，只敢趁主人睡覺時才尿尿、一次尿好大一泡。也碰過狗會找家裡的陰暗偏僻角落尿尿，搞得全家都是尿臊味卻找不到源頭。

為了避免以上兩種悲劇出現在你家，狗狗如果不是尿在你希望的地點，拜託、千萬不要責罰他！只要他尿對正確地點時瘋狂給獎勵，給他兩週觀察期，一定會有進步的。

A3 尿尿的地方好髒，進去都會踩到我自己的尿跟大便，我不要進去！

嗯，請勤清廁所。請想像你一整天都只能用同一個馬桶、還不准你沖水，馬桶裡面充滿穢物、你還想用那個馬桶嗎？（如果家裡有養別的狗，那就請再想像馬桶裡面加碼室友的穢物）將心比心呀。

Q 為什麼要四處亂啃咬東西、搞破壞？

A 因為這樣很好玩啊！我不這樣做要幹嘛？

人類認識新事物的順序是這樣的：眼睛看↓用手摸↓鼻子聞↓放進嘴巴嚐。

但狗狗因為視覺不如我們敏銳、又沒有手可以用（你可以想像你的雙手被綁住、視覺又朦朧沒戴眼鏡，有了新玩意、你會怎麼做？），所以狗認識新事物的順序是：眼睛看↓鼻子聞↓嘴巴咬。

發現了嗎？嘴巴就是狗的手，狗用嘴巴探索世界、也用嘴巴拿玩具、叼東西或是阻止別人。

例如很多狗狗想要阻止人類的行為（摸他、或剪指甲）都會用嘴巴「含住」人的手，道理就像我們會用手去擋別人，只是因為狗沒有手，所以不能這麼做，只好用嘴巴阻止你。

那狗狗在家裡四處破壞、啃咬的行為，你可以解讀為：他在用嘴巴探索家裡，這也是他抒壓的方式。有點類似人無聊就會抽煙或大吃或看電視，都只是尋找一個做了會快樂、能宣洩壓力的事情。

Solution／

該如何不讓狗四處啃咬？大部分的狗狗都回答我：不找東西啃咬我很無聊，不這樣要幹嘛？

建議在家中四處散落替代家具的啃咬玩具，玩具等人回家時就收起來，這樣才能持續營造玩具的新鮮感。

玩具每隔一兩個月就要整批換新，並且觀察家中狗狗的玩具偏好，喜歡有聲音的還是有嚼勁的？還是喜歡裡面會掉出零食的？對症下藥，才能藥到病除。

喔對了，還有每天晚上跟早晨帶狗出去散步效果也很好，消耗精力嘛！

貓/Cat

Q
為什麼要亂尿尿？

A1
因為廁所都是大便！我進去就會踩到大便、要撥砂也會撥到大便！我完全不想進去廁所！

Solution／
請盡量做到出門前、回家後、睡前，都清一次貓砂，讓貓咪有乾淨的廁所可以用，你才有乾淨的生活空間。

A2
家中最近新來了別的貓，我超不爽的，一定得讓自己的味道明顯一點才行。有時候家裡突然新增貓咪，貓為了想要佔據地盤，會想要四處噴尿、讓自己味道明顯、增強自己地盤。

Solution／
一旦發生這種狀況，除了務必用小蘇打粉把貓咪尿過的地方清洗，最好是輔佐家中的舊貓確立階級，例如盡量讓他在高處（貓用位子高低來確認階級）、吃飯讓他先吃、如果他毆打新貓不責罰他盡量冷處理。

必要的話先隔離新舊兩貓，讓他們逐漸適應彼此的存在，每次放出來看到對方、就是吃飯時間，讓他們對彼此有好的連結度（有對方才有東西吃囉）。吃完飯就再度隔離，並逐漸拉長見面時間。給一段時間，通常就會有改善。

另外，我也聽說有些貓旅館會用「貓咪插電費落蒙」讓貓咪情緒平靜，也許也是可採取手段之一。

A3

我的屁股只要下彎就會好痛，廁所好窄好小、進去尿尿我好不舒服。

我曾碰過貓咪直接跟我抱怨貓砂盆有蓋子，每次進去廁所都要蜷曲身體，「屁股」會很不舒服，照護人聽了以後帶去檢查，才發現貓咪屁股脊椎那邊有骨刺，難怪他不願屈身使用廁所，因為很痛啊！

也曾碰過年邁的貓，對於貓砂盆架高感到很難使用，因為「根本跳不進去」，後來照護人做了斜坡就改善很多。

Solution／

如果貓咪亂便溺又找不出原因，也許是身體不舒服的警訊喔，在責罰他之前，最好先帶去給信任的獸醫師做檢查，不然身體不舒服、尿尿還要被處罰，真的很可憐呀！

A4

他那陣子太晚回家了！就是要這樣教訓一下他才知道我有多生氣！

照護人因為加班太晚回家，或是因為出遊幾天不在家，貓咪都可能亂便溺。

面對這種狀況我最推薦的方法就是冷處理。

因為你不在家他很生氣，他知道這樣做你會很生氣，所以簡單來說這是一種報復的情緒。

Solution／

只要你裝作沒看到、冷處理，貓咪的目的也就無法達成，自然地這種失控狀況會逐漸減少。（畢竟誰願意重複做沒效果的事情呢？）

A5

我的廁所現在變得都會讓我踩到尿，我想要跟以前一樣那種可以迅速滲透尿的東西！

有隻貓咪曾跟我説，以前用的廁所一尿下去尿尿很快就不見，但現在的廁所，尿尿下去、下面踩的地方就會塌下去，然後腳就會踩到尿尿，非常討厭這樣的感受。

我傳達給照護人後發現，原來原本用的是凝結式礦砂，現在改用崩解式木屑砂，貓咪所形容的，是不同的貓砂帶給他的使用感覺。

因為貓咪不習慣新的貓砂，所以想去尋找原來的「一尿下去尿尿就不見」的舒暢感受，床與踏腳墊這種吸收力好的東西，自然第一個遭殃。

Solution ／

遇到這種狀況，我都會說，還是改用回原來貓砂吧！畢竟，貓砂再難清理、都不會有貓咪亂尿尿來得難清理啊！

Q **為什麼上完廁所不埋砂？**

A 我以前都會埋砂，但我現在發現，不埋砂他才會來幫我清啊！

動物是觀察力很敏銳的動物，如果幾次埋砂導致的結果是廁所大便越積越多，我想如果我是貓咪，應該也會實施不埋砂政策吧。

臭一點又何妨？有人幫我清理、讓我有乾淨廁所用才是最重要的啊！

Q **為什麼不願意配合剪指甲？**

A 那個真的好恐怖！像我的腳要被剪斷一樣恐怖！

動物的腳是他們謀生的唯一工具，如果在大自然，斷腿的動物基本上是沒有存活機率可言的。因此我們抓著他們的腳要剪指甲，本能的恐懼會油然而生，拚命掙扎也就理所當然了。

Solution／

常常在溝通時，我都會跟貓咪說：那你不要看，剪指甲時你不要看、就沒那麼恐怖了。後來陸續收到幾個照護人回報，他們家貓咪現在剪指甲都會「故意看旁邊」。

大家在剪指甲的時候，也可以稍微遮掩貓咪視線（但不要用蓋布袋的方式遮，他會嚇死），一個人剪、另一個人給零食或是撫摸貓咪分散注意力，不要讓貓咪看到剪指甲的進行式，通常壓迫減少，掙扎也會大幅降低。

Q 為什麼凌晨／早上愛亂叫？

A 因為我好餓啊！我真的好餓！

不知道大家是否知道貓咪是少量多餐型的動物，如果覺得奇怪，你可以思考，野生貓咪通常是以什麼為主食？小麻雀或是小老鼠。

我的意思是，貓咪演化後的腸胃已經習慣一次用餐就是一隻小鳥或老鼠的份量，他們的演化過程讓他們習慣少量多餐。

所以經過6～8小時的睡眠時間後不進食，對他們來說，真的是太～久　了！

Solution／

我通常會建議照護人晚上回家餵一次，這一次別太多，先以乾糧為主，主要是止飢。晚上陪貓咪玩至少半小時，之後是第二次是睡前餵食。

此時可以以罐頭為主。罐頭大多是肉類，肉就是蛋白質，蛋白質比較耐飢，就跟你中午只吃一碗麵，下午一定很快就餓肚子的道理是一樣的。

罐頭再加上多多水，趁機讓你家貓咪多喝點水，放下食物後就熄燈睡覺。

此時貓咪已經跟你玩了半小時，原本就有些累，之後再花些時間吃飯、最後還要花時間理毛，通常不久後就會沉沉睡去，不大容易再上演夜半歌聲或早晨哭天的戲碼了。

Q 你願意結紮嗎？

A 那是什麼？聽起來好恐怖！我不要！

大部分動物都不能理解什麼是結紮，就算解釋後，只要提到：帶你去看醫生，他們就會恐慌的說不要、不要、不要！

我覺得就像你問小孩要不要去看醫生，小孩不明就裡通常都是一口拒絕。但小孩說不看醫生、就能不看嗎？是否該結紮，還是要經過照護人的謹慎思考評估，為他們作對他們來說最好的決定才是。

Q 生活會無聊嗎？需要多一隻小狗／小貓陪你嗎？

A 家裡有我一個就好了嗎！為什麼要多一個來搶我的爸爸媽媽跟食物！而且萬一我被欺負怎麼辦？我不要！

大部分動物無論貓狗，都有地域性，而且動物大多是安於現狀、不喜歡變動的。對於要新增加一個動物，通常都持反對票。

但是就像我姊姊在我小時候也很討厭我，但現在，我們感情也很好。

獨生子女一定都不想要有弟弟妹妹的，但是有了以後，還是會適應、感情還是會升溫的。

如果想為家中的動物添伴，我建議還是新添幼犬、幼貓，因為一來成貓成犬大多還是會願意照顧幼獸，二來幼獸較不會有地盤威脅性，原本的舊貓舊狗也比較不會感到壓迫。

Leslie最常被問？——照護人發問

Q 妳為什麼會學動物溝通？怎麼發現自己有這樣的能力？

A 一位我很信任的朋友介紹我認識我的老師的。

大學時期打工認識的朋友，幾年後看到她在FB說：學了動物溝通，想徵求練習的動物。我報名了我們家Q比後，深深折服於她的細膩與神準，之後詢問她是跟哪位老師學的，才一路順勢而下。

Q 學動物溝通以來，妳覺得生活最大的改變是什麼？

A 變得樂觀、正面很多。

以前我是個很負面且偏激的人，但是做了動物溝通師以後，也許是因為常常接觸小動物很舒壓療癒，又或著我推測最主要原因，是動物常常活在當下，快樂不快樂倏忽即逝，長久以來這種觀念多少有影響到我。（但過於活在當下可能會導致不愛存錢……媽媽不要看）

Q 我們家毛小孩的聲音聽起來怎麼樣？

A 聲音其實都是我自己的聲音，有點類似內心與自己對話的感覺。但是可以透過說話的節奏、語氣，感受不同的鮮明個性。

Q **很多人都說學動物溝通要吃素，妳現在吃素嗎？**

A 目前，努力朝吃素之路邁進中。

因為學會動物溝通，「萬物皆有靈」這句話幾乎成為我的信仰。目前，能夠自然地幾天都吃素而不覺辛苦、也不會想吃肉，但有時還是有突然很急需蛋白質營養的感覺。

我覺得任何動物生長在這個世界，難免就是會阻礙到其他生物的生長空間。就像雨林的樹要長高，一定會遮到其他樹的陽光。我以前也常開玩笑說人類真的想節能省碳就是全部滅絕才是拯救地球的唯一途徑（偏激言論乖孩子不要學）。目前對我來說，我會攝取我健康所需的營養，並且一定會把它吃完。感激所有動植物奉獻生命來成就我的體力與生存，不會浪費一絲一毫他們的犧牲。

Q **妳學會動物溝通以後，和Q比的相處有什麼差別？**

A 其實沒甚麼差別。（笑）

剛開始學會時，Q比好囉嗦，什麼都愛吵，這個不要吃那個不想要今天想要出去玩怎麼昨天那麼晚回來。不是開玩笑的，很像家裡多了個4歲小孩。

現在比較會把他當普通會講話的小狗相處（這樣算普通嗎？），例如她說很久沒吃白色的肉我就會理直氣壯回她因為我沒買啊！

不過最方便的是，可以即時知道她身體有哪裡不舒服，或是廁所尿布髒了她會主動來跟我說要去換。

Q **妳常常動物溝通會帶著Q比，是帶著她感應能力會比較強嗎？**

A 沒有，動物溝通的順暢與否跟她一點關係都沒有，只是不帶她出來她自己在家會很無聊。（笑）

Q **妳進動物園會不會聽到很多聲音？**

A 我還沒嘗試過。

也許未來會有機會的話，不知道為什麼，目前還不會想要嘗試。也許我自己也會有點害怕吧。

Q **妳會聽到蟑螂螞蟻的聲音嗎？**

A 也許是先天抗拒的關係，我沒有聽到過。

因為打從心底的抗拒，所以我從來沒有嘗試過想要靜心靜坐來傾聽昆蟲類的聲音，但，目前也完全沒有想要嘗試。

Q **學動物溝通以來，覺得很挫折的事情？**

A 一輩子沒有比現在更常被罵是騙子過！（笑）

大多數人聽到動物溝通通常第一個反應還是靈媒、神棍之類的，雖然我能理解個人有個人的偏見，我也沒資格要求別人因我而改變，或是逼人家信任我，但是常常被說是騙子或神棍，還是很無奈。

照護人最常被問？
——毛小孩發問

Q 為什麼那麼愛幫我洗澡？不要洗澡好不好？

Q 為什麼那麼愛剪我的指甲？

Q 為什麼喜歡抓著我的腳搓我的腳又不還我？

Q 為什麼你們人類自己那麼愛洗澡？每天都洗？

Q 為什麼要給我食物前都要我等很久？

Q 為什麼我不能天天出去玩？可是你們可以天天出去？

Q 為什麼我不能舔我自己？每次舔雞雞都會被罵！

Q 為什麼你們都那麼晚回來？

Q 為什麼那麼愛抱我？被抱高高又不能亂動很不舒服耶！

Q 為什麼我一定要去陽台尿尿，不能想尿哪裡就哪裡？

Q 為什麼這個可以咬那個不可以咬？到底標準是什麼？

Q 為什麼那麼久沒有帶我去草地跑跑？我想去草地！

Q 為什麼一個人帶我出去走走都很快就回家，兩個人就可以走比較久再回家？

Q 為什麼不經過我同意就帶另一個貓／狗回家？（震怒）

Q 為什麼你會突然不在家好幾天，我很想你又很害怕你知道嗎？

Q 我好討厭另一隻貓，可以把他趕出家裡嗎？拜託！

Q 為什麼另一隻貓都很愛在我吃飯的時候來打我？你跟他說不要這樣好不好？

Q 為什麼你常常回家的時候身上有另一隻貓的味道？

Q 為什麼你常常要拿那個白色的、很大聲的東西靠近我、還會吹出熱風！我好怕！

Q 為什麼我不能上床睡覺？每次我上去就被趕下去！

Q 為什麼我不能睡在你的衣服上？你的衣服都是你的味道、我好喜歡！

Q 為什麼要穿衣服在我身上？緊緊的很不舒服耶！

Q 為什麼我出門一定要被繩子綁著，不能想去哪就去哪？

Q 為什麼我很喜歡的那個床／玩具，不見了？可以還給我嗎？

Q 為什麼要逼我認識別的狗、跟別的狗作朋友？可以不要嗎？

Q 為什麼現在的家都沒有太陽？以前的家有好多好多太陽喔！

Q 可以不要送我去那個有很多奇怪的動物的地方嗎？

你不在也沒關係！我希望可以自己在家！

（註：照護人因出國把狗送到住宿旅館，狗有社交障礙，很不喜歡跟別的動物相處。）

來～跟毛小孩聊天：

透過溝通，我們都被療癒了！

作　者　Leslie
插　圖　Soupy 舒皮
裝幀設計　黃思諭
行銷企劃　黃文慧、張瓊瑜、王綬晨、邱紹溢、陳詩婷、郭其彬
主　編　王辰元
企劃主編　賀郁文
總 編 輯　趙啟麟
發 行 人　蘇拾平
出　版　啟動文化
台北市105松山區復興北路333號11樓之4
電話：（02）2718-2001　傳真：（02）2718-1258
發　行　大雁文化事業股份有限公司
台北市105松山區復興北路333號11樓之4
24小時傳真服務　（02）2718-1258
讀者服務信箱 Email:andbooks@andbooks.com.tw
劃撥帳號：19983379
戶名：大雁文化事業股份有限公司
香港發行　大雁（香港）出版基地・里人文化
地址：香港荃灣橫龍街78號正好工業大廈22樓A室
電話：852-24192288　傳真：852-24191887
Email:anyone@biznetvigator.com

初版一刷　2014年07月
定　價　320元
ＩＳＢＮ　978-986-90555-6-7

歡迎光臨大雁出版基地官網www.andbooks.com.tw
訂閱電子報並填寫回函卡

國家圖書館出版品預行編目(CIP)資料

聽毛小孩說內心話 / Leslie著. --初版. --臺北市：
啟動文化出版：大雁文化發行，2014.07
面；公分
ISBN 978-986-90555-6-7（平裝）

1. 動物心理學　2. 動物行為

383.7　　103013264

Leslie
talks to
animals

Leslie
talks to
animals

Leslie
talks to
animals

Leslie
talks to
animals

Leslie
talks to
animals

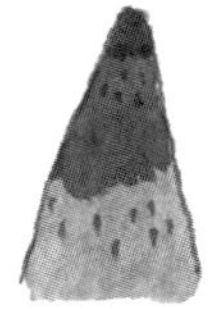
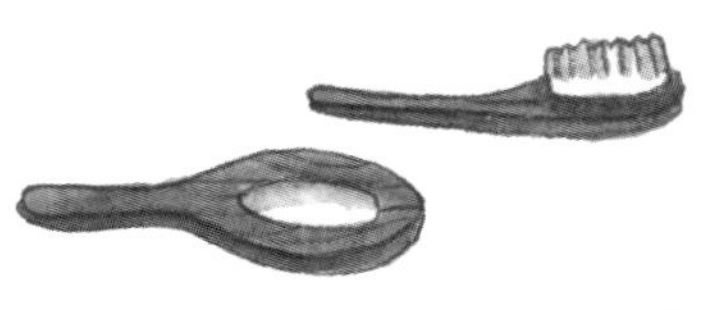
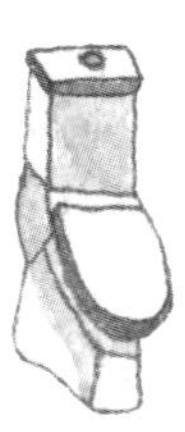

Leslie
talks to
animals

Leslie
talks to
animals

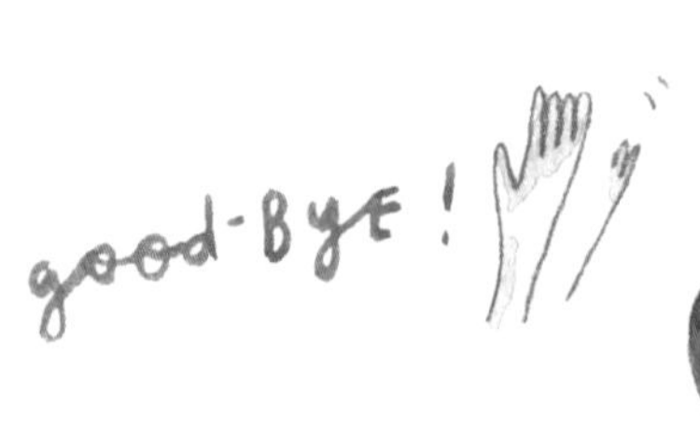

Leslie
talks to
animals

Leslie
talks to
animals

Leslie
talks to
animals

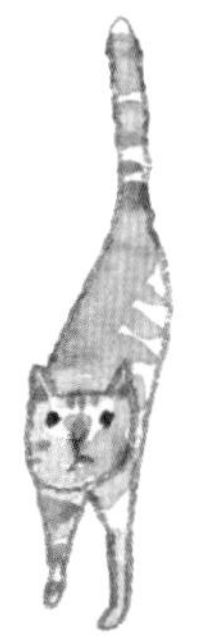

Leslie
talks to
animals

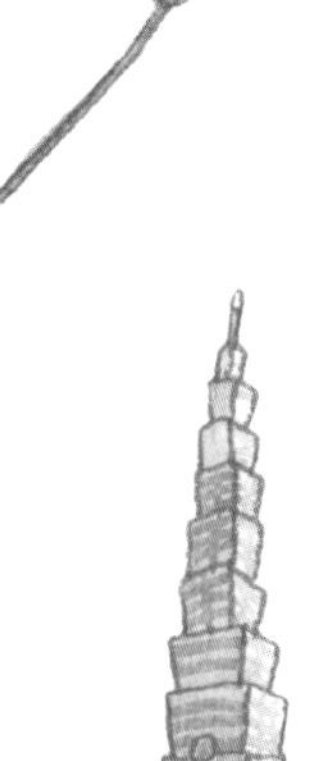

Leslie
talks to
animals

Leslie
talks to
animals

Leslie
talks to
animals

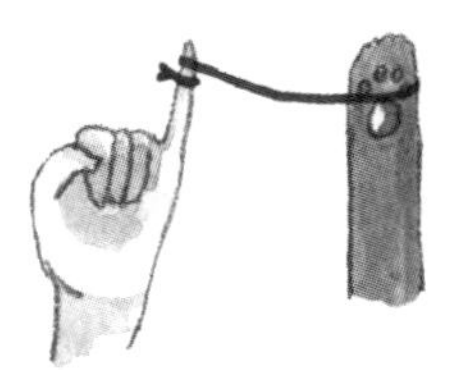

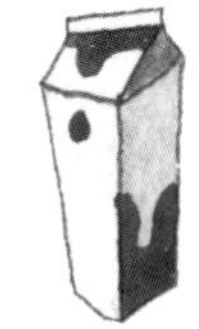

Leslie
talks to
animals